Eine so abenteuerliche wie unterhaltsame Reise zum ganz Kleinen und ganz Großen – in die Mikrowelt der Moleküle, Atome und Elementarteilchen bis hin zum Vakuum, das nicht leer, sondern voller energetischer Aktivität ist. Und in die Makrowelt des Universums mit seinen unermesslichen Dimensionen.

Im Universum gibt es Sterne (Supernovae), die 10 Milliarden Mal heller sind als unsere Sonne. 2012 wurde ein schwarzes Loch entdeckt, das 17 Milliarden Sonnenmassen enthält. Aber auch die Mikrowelt kann faszinieren, und das nicht nur wegen der genetischen Information. Würde man zum Beispiel einen Liter Wasser gleichmäßig über alle Weltmeere verteilen, enthielte jeder Liter Wasser – egal ob im Pazifik, in der Nordsee oder im Atlantik – etwa 12 000 Moleküle der Ausgangsmenge. In der Quantenphysik gibt es Phänomene, die Einstein als «spukhaft» bezeichnete und an die er nicht glaubte. Heute wissen wir, dass es sie gibt und dass Einstein irrte. So können zwei verschränkte Photonen, die einen gemeinsamen Ursprung haben und inzwischen Lichtjahre voneinander entfernt sind, voneinander «wissen» in dem Sinne, dass sie wie Zwillinge reagieren.

Werner Kinnebrock, geboren 1938, war bis zu seiner Pensionierung Professor für Mathematik. Er hat sich u.a. mit Reaktormathematik und wissenschaftlicher Datenverarbeitung beschäftigt. Bei C.H.Beck ist von ihm erschienen: *Was macht die Zeit, wenn sie vergeht? Wie die Wissenschaft die Zeit erklärt* (²2012).

Werner Kinnebrock

Mikro und Makro

Von Galaxien und Atomen

Eine physikalische Reise

C.H.Beck

Mit 20 Abbildungen und 4 Tabellen

Originalausgabe

© Verlag C.H.Beck oHG, München 2014
Satz, Druck u. Bindung: Druckerei C.H.Beck, Nördlingen
Umschlaggestaltung: Geviert, Grafik & Typografie, Christian Otto
ISBN 978 3 406 66028 3
Printed in Germany

www.beck.de

Inhalt

Einleitung

Im Jahr 1870 stellte man dem Engländer Eadweard Muybridge die Frage, ob sich bei einem galoppierenden Pferd zeitweise alle vier Beine in der Luft befinden. Durch Beobachtung lässt sich diese Frage nicht beantworten. So fügte es sich glücklich, dass einige Jahrzehnte zuvor die Fotografie erfunden worden war. Mit Hilfe von 24 Kameras gelang es Muybridge 1872 herauszufinden, dass ein galoppierendes Pferd tatsächlich für Bruchteile von Sekunden «vom Boden abhebt».

Wir leben in einer «Meter-Minuten-Welt». Alles, was sich außerhalb dieser Welt abspielt, entgeht unserer natürlichen Wahrnehmung. Mit Geräten wie Kameras, Mikroskopen und Fernrohren können wir jedoch über den uns gegebenen Horizont hinausschauen und Entdeckungen machen, die uns ohne diese technische Ausstattung verborgen blieben. Wollen wir noch weiter in die Welt vordringen, schaffen wir dies mit raffinierten Experimenten und logischen Schlussfolgerungen. Auf diese Art fanden wir die Gesetze der Quantenphysik und des expandierenden Universums. Wir stießen schließlich an Grenzen, die Fragen aufwarfen, für die es – bis dato – keine Antworten mehr gibt. So meinte der berühmte Quantenphysiker Richard P. Feynman, dass wohl niemand letztlich die Quantenphysik wirklich versteht. Auch die Kosmologen versuchten bislang vergeblich, dunkle Materie und dunkle Energie zu erklären, die über 90 Prozent der Weltraumenergie ausmachen.

Angetrieben von Neugierde und Entdeckerlust, führt uns der Wissensdrang in die Mikrowelt mit ihrer faszinierenden Vielfalt und in die Makrowelt des Universums mit seinen unermesslichen Dimensionen: So stoßen wir auf Sterne (Supernovae), die 10 Milliarden Mal heller sind als unsere Sonne. 2012 wurde ein schwarzes Loch entdeckt, das 17 Milliarden Sonnenmassen enthält. Könnten wir unsere Heimatgalaxie Milchstraße in ihrer längsten Ausdehnung mit einem Airbus durchfliegen, bräuchten wir dafür 120 Milliarden Jahre; das ist fast neunmal das Alter des Universums. Im Mikrokosmos wiederum fasziniert nicht nur die Codierung der genetischen Information, die lediglich aus vier Grundbausteinen besteht, sondern auch die ungeheure Anzahl der Moleküle. Würde man zum Beispiel einen Liter Wasser gleichmäßig über alle Weltmeere verteilen, enthielte jeder Liter Meerwasser – egal ob im Pazifik, in der Nordsee oder im Atlantik – etwa 12 000 Moleküle des ursprünglichen Liters. In der Quantenphysik gibt es Phänomene, die Albert Einstein als «spukhaft» bezeichnete. Heute wissen wir aber, dass es sie gibt und Einstein irrte. So können zwei verschränkte Photonen, die einen gemeinsamen Ursprung haben und inzwischen Lichtjahre voneinander entfernt sind, voneinander «wissen» – in dem Sinne, dass sie wie Zwillinge reagieren.

Es ist das Anliegen dieses Buches, diese erstaunlichen Phänomene darzustellen und die zugehörigen Theorien populärwissenschaftlich zu beschreiben. Dazu werden im ersten Teil für das Verständnis notwendige Kenntnisse wie Zahlendarstellungen, der Begriff «unendlich», physikalische Grundbegriffe wie Masse und Energie sowie Raum und Geometrie vereinfacht dargestellt. Im zweiten Teil beginnt dann eine Reise in die Mikrowelt: in die Welt der Mikroben, Moleküle und Elementarteilchen bis hin zum Vakuum, das voller energetischer Aktivität ist. Der dritte Teil führt in die andere Richtung: in die Welt des ganz Großen. Ausgehend von der Erde über Planeten, Sonnensystem und Milchstraße durchqueren wir das Universum mit seinen ungeheuren Galaxien – und Leerräumen. Wir komprimieren die Entwicklung des Universums auf die Zeit von einem Jahr, setzen also den Urknall auf den 1. Januar, und stellen erstaunt fest, dass die Auffaltung der Alpen erst am 29. Dezember abends erfolgt und der moderne Mensch am 31. Dezember kurz vor Mitternacht die Bildfläche betritt.

Vieles in der uns umgebenden Welt haben wir erforscht und verstanden, aber das Unerforschte und Unverstandene übersteigt das Bekannte. Wenn wir unsere Meter-Minuten-Welt zum Maßstab machen, wird das zu verzerrten Bildern führen: Vieles können wir mit unseren an Raum und Zeit gebundenen Vorstellungen nicht erfassen. So kann beispielweise auch die Quantenphysik nicht mit Bildern der anschaulichen klassischen Physik erklärt werden. Wir sollten daher das Begreifbare formulieren und beschreiben, das Unbegreifbare aber respektieren, ohne es in reduzierte Bilder einengen zu wollen. Goethe bemerkte dazu: «Das größte Glück des denkenden Menschen ist, das Erforschbare zu erforschen und das Unerforschte ruhig zu verehren.»

Dieses Buch soll einen Einblick geben in Themen wie Atomphysik, Genetik, Quantenphysik, Astrophysik und Kosmologie. Es ist gedacht für interessierte Laien, die sich einen Überblick verschaffen wollen. Es liegt in der Natur der Sache, dass bei so vielen Themen die einzelnen Gebiete nur bis zu einem gewissen Grad bearbeitet werden können. Wer tiefere Einblicke gewinnen möchte, der sei auf das Literaturverzeichnis verwiesen.

I. Die Vermessung der Welt

Zeit, Raum, Ort und Bewegung definiere ich nicht,
weil alle damit vertraut sind.

Isaac Newton

Will man die Natur vermessen, benötigt man Bezugseinheiten zur Wiedergabe von Länge, Zeit, Masse, Energie und vielen weiteren Größen. Wir messen üblicherweise in Meter, Minuten, Gramm usw. und leben in einer Meter-Minuten-Welt. Die Vorgänge in der Natur werden in anderen Dimensionen erfasst: in Mikro- und Nanosekunden, in Lichtjahren und Parsec. Wir benötigen andere Schreibweisen, um diese Ausmaße erfassen zu können. Dazu bietet uns die Mathematik Formalismen an, die uns helfen, diese Größenordnungen bequem darzustellen.

Im Folgenden geht es um die Exponentialdarstellung von Zahlen, um Einheiten zur Vermessung des Universums, um Masse, Energie und um den Begriff «unendlich» sowie um die Geometrie der Natur.

1. Zahlen und Zahlendarstellungen

In diesem Buch werden uns Zahlen begegnen, die ungeheuer groß oder auch sehr klein sind; Zahlen, die jede gewohnte Größenordnung sprengen, aber in der Beschreibung des Mikro- und Makrokosmos unverzichtbar sind. Man schreibt sie in einer Darstellung, die in der Mathematik Exponentialdarstellung genannt wird. Ihre nähere Beschreibung wird Gegenstand des folgenden Abschnitts sein.

Die Staatsverschuldung Deutschlands beläuft sich zurzeit auf ca.

$$2\,000\,000\,000\,000 \text{ Euro,}$$

das sind zweitausend Milliarden Euro. Die Kurzschreibweise substituiert die 12 Nullen wie folgt: $2 \cdot 10^{12}$ Euro. Eine Million ist demnach $10^6 = 1\,000\,000$, tausend $= 1000 = 10^3$ usw. Die Eins hat keine Nullen, also: $1 = 10^0$. Wie wir in Kapitel II, 6 sehen werden, hat ein Kubikzentimeter Luft

$$27\,000\,000\,000\,000\,000\,000$$

oder 27 Trillionen Moleküle, das sind $27 \cdot 10^{18}$ Moleküle.

Ein letztes Beispiel: Dieses Büchlein wiegt etwa 200 Gramm. Da Materie im Wesentlichen aus Neutronen und Protonen besteht, die man als Nukleonen bezeichnet, besteht das Buch aus ungefähr 10^{26} Nukleonen.

Wie viel wiegt ein Wasserstoffatom? Es wiegt

$$0,00000000000000000000000017 \text{ Kilogramm.}$$

Auch diese Zahl können wir eleganter schreiben: Sie lautet: $17 \cdot 10^{-26}$ Kilogramm.

Zum Beispiel ist:

$$0,1 = 1/10 = 10^{-1}$$
$$0,01 = 1/100 = 10^{-2}$$
$$0,005 = 5/1000 = 5 \cdot 10^{-3}$$
$$\text{usw.}$$

Negative Hochzahlen (Exponenten) stellen also Brüche dar, man kann so winzig kleine Zahlen sehr elegant und kurz darstellen.

2. «Unendlich» mal «unendlich»?

2.1 Das Unendliche in der Natur

Kommt in der Natur der Begriff «unendlich» vor? Wir wissen es nicht. Zumindest wäre es in der Kosmologie möglich. Es besteht die Vermutung, dass das Universum glatt ist, das bedeutet, dass es wie eine Ebene unendlich ausgedehnt ist. Und für ein solches ebenes Universum gilt die Schulgeometrie, genauer: die nach dem griechischen Mathematiker Euklid benannte «euklidische Geometrie». Der Raum könnte dann wie die Ebene unendlich ausgedehnt sein. (Die Geometrie, die eine gekrümmte Oberfläche wie die einer Kugel beschreibt, ist die «nichteuklidische Geometrie».) Die Oberfläche eines Zylinders und auch eines Autoschlauchs ist wiederum euklidisch. Die Mathematiker sprechen im letzteren Fall von einem «Torus». Das Universum könnte durchaus auch wie ein Torus aufgebaut sein (hier ein vierdimensionaler Torus mit einer dreidimensionalen «Oberfläche», also ein «Hypertorus»). In diesem Fall wäre das Weltall also nicht unendlich ausgedehnt, aber immer noch euklidisch.

Im Folgenden betrachten wir den Begriff «unendlich» genauer. Die heutige Mathematik, die die Natur elegant beschreibt, ist ohne den Unendlichkeitsbegriff nicht denkbar.

Im Jahr 1900 hielt der bekannte Göttinger Mathematiker David Hilbert eine Rede in Paris, in der er Georg F. L. P. Cantor als einen der größten Mathematiker des 19. Jahrhunderts pries. Cantor hatte den Begriff «unendlich» in die abstrakte Mengenlehre eingeführt, und Hilbert bezeichnete seine Leistung als «die bewundernswerteste Blüte mathematischen Geistes».

Gleichzeitig forderte er die Mathematiker seiner Zeit auf, im neuen beginnenden 20. Jahrhundert die Mathematik von allen noch bestehenden Unsicherheiten zu befreien. Er konnte nicht ahnen, dass 30 Jahre später einer der größten Mathematiker des 20. Jahrhunderts, Kurt Gödel, nachweisen sollte, dass es Aussagen in der Mathematik gibt, die prinzipiell nicht beweisbar und auch nicht widerlegbar sind.

2.2 «Unendlich» in Zahlen

Die einfachste Form von «unendlich», symbolisiert durch «∞», finden wir in den Zahlen 1, 2, 3, 4, 5, ... Dies sind die natürlichen Zahlen, gegeben in unendlicher Vielheit: Wir können ewig weiterzählen.

Wenn die Menge der ganzen Zahlen unendlich groß ist, dann erst recht die Menge aller möglichen Zahlen, also die der ganzen Zahlen, Dezimalzahlen, Brüche, positiven und negativen Zahlen. Diese «reellen Zahlen» umfassen wesentlich mehr als die ganzen Zahlen; daher müssen wir vermuten, dass das «Unendlich» der reellen Zahlen größer ist als das der ganzen Zahlen. Und dass dies tatsächlich so ist, kann man beweisen.

Allerdings haben die reellen Zahlen teils merkwürdige Eigenschaften. Wenn wir mit M alle Zahlen zwischen 0 und 1 bezeichnen und wenn R die Menge aller reellen Zahlen ist von minus unendlich bis plus unendlich, dann enthält R offenbar die Menge M. Die Menge M ist eine Teilmenge von R (veranschaulicht durch Abb. 1, nach der die dunklere Punktmenge Teilmenge der helleren Menge ist). Natürlich enthält M unendlich viele Zahlen, genauso wie R.

Die Mathematik liefert nun die Aussage, dass sowohl R als auch M gleichmächtig sind, dass beide Mengen also gleich un-

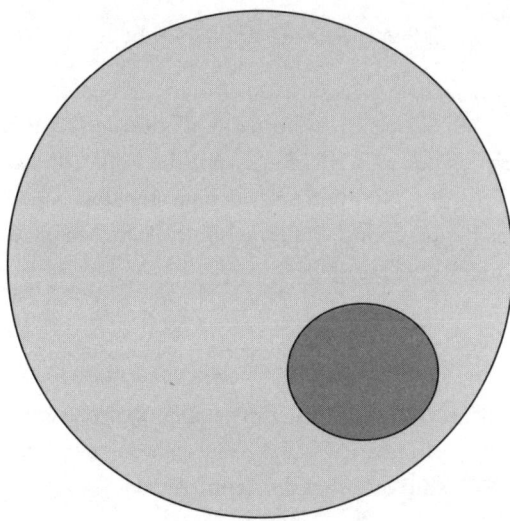

Abbildung 1: Die dunklere Menge ist Teilmenge der helleren.
Beide Mengen enthalten unendlich und gleich viele Punkte.

endlich viele Zahlen besitzen. Erstaunlicherweise haben also M und R unendlich viele Zahlen mit gleichem Unendlich.

Dieses Ergebnis lässt sich auch auf Punkte in einer Ebene übertragen. In Abbildung 1 ist die dunklere Menge von Punkten eine Teilmenge der helleren Menge. Beide Mengen enthalten unendlich viele Punkte, beide Unendlich sind gleich, sie enthalten also gleich viele Punkte. Dies widerspricht jeder Anschauung, ist aber mathematisch beweisbar. Die Mathematiker nennen das Unendlich der ganzen Zahlen «unendlich abzählbar», das aller reellen Zahlen das «Unendlich des Kontinuums».

2.3 Wie viele «Unendlich» gibt es?

Wir kennen bisher zwei Größen «Unendlich», das der natürlichen Zahlen 1, 2, 3, ... usw. und das aller reellen Zahlen. Eines ist kleiner als das andere. Es entsteht die Frage, ob es weitere «Unendlich» gibt, die eventuell noch größer sind.

Um das herauszufinden, betrachten wir die Menge der Zahlen 1, 2 und 3, wiedergegeben durch:

$$M = \{1,2,3\}.$$

Nehmen wir nur die Zahl 1 heraus, haben wir eine Teilmenge T und können schreiben: $T = \{2,3\}$. Wie viele solcher Teilmengen besitzt M? Es sind offenbar die Teilmengen

$$\{1\}\{2\}\{3\}\{1,2\}\{1,3\}\{2,3\}\{1,2,3\}.$$

Es ist üblich, die Menge, die gar keine Elemente enthält, mit dem Symbol {} als Leermenge zu bezeichnen und sie auch ebenfalls als Teilmenge zu betrachten. Bei Bildung der Menge P(M) aller Teilmengen von M erhalten wir die neue Menge

$$P(M) = \{\{\},\{1\},\{2\},\{3\},\{1,2\},\{1,3\},\{2,3\},\{1,2,3\}\}.$$

Daraus ergeben sich genau 8 Teilmengen ($8 = 2 \cdot 2 \cdot 2 = 2^3$).

Allgemein gilt: Eine Menge mit n Elementen hat genau 2^n Teilmengen. Die Menge dieser Teilmengen heißt Potenzmenge. Eine Potenzmenge der 26 Buchstaben des Alphabets hat also $2^{26} = 67\,108\,864$ Teilmengen. Jedes Wort der deutschen Sprache, das nicht zwei gleiche Buchstaben enthält, wäre zum Beispiel Element einer solchen Teilmenge.

Natürlich können wir auch die Potenzmenge einer unendlichen Menge bilden, zum Beispiel die der natürlichen Zahlen. Und auch diese Potenzmenge hat dann unendlich viele Elemente. Mathematisch beweisbar ist, dass die Mächtigkeit einer Potenzmenge größer ist als die Mächtigkeit der Originalmenge. Das heißt: Die Zahl der Elemente hat bei der Potenzmenge ein größeres Unendlich als bei der Originalmenge. Genauer formuliert: Bilden wir von der Menge aller natürlichen Zahlen 1, 2, 3, 4, 5, ... alle möglichen Teilmengen, so sind es natürlich unendlich viele. Dieses Unendlich ist größer als das Unendlich der natürlichen Zahlen.

Daraus ergibt sich eine interessante Folgerung: Sei N die Menge der natürlichen Zahlen. Dann hat die Potenzmenge P(N) in ihrer Mächtigkeit ein größeres Unendlich als N. Bilden wir jetzt die Potenzmenge von P(N), also P(P(N)), so erhalten wir ein noch größeres Unendlich. Dies können wir so ewig fortsetzen und immer wieder neue Potenzmengen bilden. Wir erhalten immer neue Mengen mit noch größerem Unendlich. Darum gilt:

Es gibt unendlich viele Unendlich.

3. Räumliche und zeitliche Distanzen

3.1 Längenmaße im Mikro- und Makrokosmos

Nach diesem Ausflug in die Welt der großen und kleinen Zahlen und zum Begriff «unendlich» wenden wir uns physikalischen Grundgrößen zu. Eine Länge können wir mit dem Lineal oder Meterstab messen und wird wiedergegeben durch Meter.

Für uns, die wir in einer Meter-Minuten-Welt leben, reichen Meter zur Vermessung unserer gewohnten Umwelt aus. Im Weltraum dagegen stoßen wir auf Größenordnungen, die weit über unsere Vorstellungen hinausgehen und für die wir andere Einheiten benötigen. Als Grundgröße betrachten wir das Licht, das sich mit einer Geschwindigkeit von ca. 300 000 Kilometern pro Sekunde fortbewegt. Bei dieser Geschwindigkeit umkreist es in einer Sekunde locker die Erde über siebenmal. Licht besteht aus Teilchen, den Photonen. Photonen legen also 300 000 Kilometer pro Sekunde zurück, in einer Woche gar $1,8 \cdot 10^{11}$ Kilometer. Die Strecke, die Photonen in einem Jahr zurücklegen, beträgt $9,4 \cdot 10^{12}$ Kilometer, also

$$9\,400\,000\,000\,000 \text{ Kilometer.}$$

Diese Strecke bezeichnet man als ein Lichtjahr. Der nächste Stern, *Proxima Centauri*, ist etwa vier Lichtjahre von uns entfernt. Wenn ich ihn heute sehe, wurde sein Licht vor vier Jahren ausgesandt. Manche Sterne sind Zehntausende von Lichtjahren entfernt. Ihr Licht, das wir heute sehen, wurde also ausgesandt, als es noch keine Menschen auf unserer Erde gab. Die Milchstraße, unsere Heimatgalaxie, hat einen Durchmesser von über 100 000 Lichtjahren. Es gibt Galaxien, die Milliarden Lichtjahre von uns entfernt sind.

Die riesigen Entfernungen im Weltall haben die Astronomen dazu veranlasst, eine weitere Längeneinheit einzuführen: das Parsec. Ein Parsec ist die Entfernung, aus der der mittlere Durchmesser der Erdbahn um die Sonne als Länge einer Bogensekunde erscheint. Dabei ist eine Bogensekunde 1/3600 Grad, das sind 0,000278 Grad. Anders formuliert: Würde ich im Weltraum die Erdbahn aus weiter Entfernung als winzige Kugel sehen mit einem Durchmesser von einer Bogensekunde, bin ich 1 Parsec von der Erde entfernt. Es gilt:

$$1 \text{ Parsec} = 3{,}2616 \text{ Lichtjahre} = 3{,}0857 \cdot 10^{16} \text{ Meter.}$$

Laufen wir entlang einer Linie (Geraden), bewegen wir uns in Richtung einer Dimension. Die Ebene besitzt zwei Dimensionen, der Raum drei. Die Physiker rechnen ohne Schwierigkeiten mit vierdimensionalen Räumen, wobei die Rechnung sich zwar einfach durchführen lässt, ihre Schritte und das Ergebnis aber nicht vorstellbar sind. Die vierte Dimension ist hier üblicherweise die Zeit. Mathematiker rechnen dabei übrigens mit sieben, acht oder gar hundert dimensionalen Räumen. Das ist an sich nicht kompliziert; die Schwierigkeit besteht nur darin, dass unsere Vorstellungskraft sich auf den dreidimensionalen Raum, in dem wir leben, beschränkt.

Bei der Betrachtung der Zeit als vierte Dimension muss eine Unterscheidung vorgenommen werden: Im Raum können wir uns beliebig hin- und zurückbewegen. Ein Zurück in der Zeit gibt es nicht. Diese verläuft unerbittlich von Sekunde zu Sekunde vorwärts, und wir laufen unweigerlich mit. Dabei tickt im Kosmos nicht irgendwo eine globale Uhr, die die Zeit vorgibt: Albert Einstein entdeckte, dass die Zeit relativ ist. Was bedeutet das? Wenn Sie eine Rakete sehen, die an Ihnen vorbeifliegt, dann verläuft die Zeit in der Rakete langsamer als auf Ihrer Armbanduhr. Je schneller sich jemand bewegt, umso langsamer verläuft für ihn die Zeit. Dabei sind die Zeitdifferenzen (die Physiker sprechen von Zeitdilatation) bei der Geschwindigkeit, an die wir gewöhnt sind, äußerst gering. Bei Lichtgeschwindigkeit allerdings – falls man diese erreichen könnte – bleibt die Zeit stehen.

Tabelle 1: Längenmaße

Bezeichnung	Einheit	In Metern	Umrechnung	Anwendung in:
Yottameter	Ym	10^{24}		
Zettameter	Zm	10^{21}		
Exameter	Em	11^{18}		
Petameter	Pm	10^{15}		
Terameter	Tm	10^{12}		
Gigameter	Gm	10^{9}	1 000 000 km	
Megameter	Mm	10^{6}	1000 km	Ozeanologie
Kilometer	Km	10^{3}	1000 m	
Hektometer	Hm	10^{2}	100 m	Artillerie, Marine
Dekameter	Dam	10^{1}	10 m	
Meter	M	10^{0}		Grundmaß
Dezimeter	Dm	10^{-1}	10 cm	
Zentimeter	Cm	10^{-2}		
Millimeter	Mm	10^{-3}	0,001 m	
Mikrometer	Mm	10^{-6}	0,001 mm	
Nanometer	Nm	10^{-9}		Informatik
Ångström	Å	10^{-10}	100 pm	Atomphysik
Pikometer	Pm	10^{-12}		
Femtometer	Fm	10^{-15}		Teilchenphysik
Attometer	Am	10^{-18}		
Zeptometer	Zm	10^{-21}		
Yoctometer	Ym	10^{-24}		

Tabelle 2: Längenmaße in der Kosmologie

Lichtjahr	LJ	$9{,}5 \cdot 10^{15}$ m
Parsec	pc	$3{,}0857 \cdot 10^{16}$ m
Megaparsec	Mpc	10^{6} pc

Gibt es Systeme ohne Zeit und können diese etwa als dasjenige begriffen werden, was die verschiedenen Religionen «Ewigkeit» nennen? Ludwig Wittgenstein schreibt hierzu: «Wenn man unter Ewigkeit nicht unendliche Zeitdauer versteht, sondern Unzeitlichkeit, dann lebt der ewig, der in der Gegenwart lebt.»

3.2 Der Raum: Rätsel der Physik

Was ist Raum? Für die Physiker ist der Raum eines der großen Rätsel der Physik. Niemand weiß, was Raum letztlich ist. Raum umgibt uns in den Weiten des Weltraums. Der Weltraum ist fast leer, und auch in den Atomen ist fast nur leerer Raum. Würde man ein 20-stöckiges Hochhaus so zusammenpressen, dass aller freier Raum in den Atomen verschwindet, bliebe ein Masseklümpchen in der Größe einer Reiskorns übrig, das aber hunderte Millionen Kilo wiegt. Der Rest ist nichts als leerer Raum. Ein Atom besteht nämlich zu 99,999 Prozent aus nichts (vgl. Abschn. II, 6.3).

Newton sah den Raum wie eine Bühne, auf der das «Drama des Weltgeschehens» abläuft. Mit dieser Vorstellung eines starren, realen und absoluten Raumes konnte er die Bewegungen in ihm sehr genau beschreiben. Geltung besaß diese Auffassung bis 1905. Dann fand man heraus, dass das Licht sich stets mit 299 792,458 Kilometern pro Sekunde bewegt, das sind etwa 1,08 Milliarden Kilometer pro Stunde. Das Erstaunliche ist, dass das Licht diese Geschwindigkeit stets beibehält, egal von wo es ausgesandt wird. Wie ungewöhnlich dies ist, zeigt das folgende Beispiel:

Nehmen wir an, eine Rolltreppe bewege sich mit einem Meter pro Sekunde nach oben. Wenn Sie auf dieser Rolltreppe stehen, haben Sie genau diese Geschwindigkeit. Wenn Sie sich aber mit einem Meter pro Sekunde auf dieser Rolltreppe selber bewegen, bewegen Sie sich mit der Geschwindigkeit von zwei Metern pro Sekunde nach oben, nämlich der Geschwindigkeit der Rolltreppe plus ihrer eigenen Geschwindigkeit.

Übertragen wir diesen Gedanken auf das Licht: Sie fahren mit dem Auto 120 Kilometer pro Stunde auf der Autobahn. Es ist dunkel und der Scheinwerfer sendet Licht in Fahrtrichtung aus. Dieses Licht müsste sich mit einer Geschwindigkeit bewegen, die aus der Lichtgeschwindigkeit besteht plus der Geschwindigkeit des Autos, also einer Addition der Geschwindigkeiten wie auf der Rolltreppe. Das Licht bewegt sich aber mit 299 792,458 Kilometern pro Sekunde, egal wie schnell das Auto fährt. Selbst wenn das Auto mit halber Lichtgeschwindigkeit fahren könnte, würde dieser Umstand das Licht nicht tangieren. Es bliebe bei 299 792,458 Kilometer pro Sekunde. Die Geschwindigkeit des Autos spielt also keine Rolle. Das widerspricht allen Vorstellungen und dürfte nach elementaren physikalischen Gesetzen nicht sein. Experimente zeigen aber, dass es so ist.

Nach der Entdeckung dieses Phänomens um 1880 war man zunächst ratlos. Um 1900 fand ein Angestellter des Schweizer Patentamtes namens Albert Einstein die Lösung. Wenn die Lichtgeschwindigkeit sich nicht nach den Gesetzen des Raums und der Zeit richtet, müssen sich eben Raum und Zeit nach der Lichtgeschwindigkeit richten. Dies bedeutet, Raum und Zeit verbiegen sich so, dass die Geschwindigkeit des Scheinwerferlichts konstant bleiben kann und sich beim Fahren des Autos nicht verändert.

Diese Erkenntnis hat weitreichende Konsequenzen. Für ein schnelles Auto verkürzt sich der Raum in Fahrtrichtung und die Zeit verläuft langsamer. Allerdings ist die Verbiegung des Raumes bei unseren gewohnten Geschwindigkeiten so gering, dass sie nicht messbar ist. Würde man aber mit halber Lichtgeschwindigkeit fahren, wäre die Verbiegung von Raum und Zeit erheblich. All diese Aussagen vereinigte Einstein in seiner Speziellen Relativitätstheorie.

Der Raum ist demnach nicht mehr statisch wie bei Newton, sondern dynamisch. Er kann sich verbiegen. Raum ist nicht mehr das, was wir uns unter «Raum» vorstellen, wenn wir in Bewegung sind.

Aber es kam noch schlimmer. Newton sah in der Anziehungskraft der Sterne eine geheimnisvolle Kraft, die er beschreiben, aber nicht erklären konnte. Einstein dachte darüber nach, wie diese Kraft wirken kann, wenn der Raum nicht mehr absolut ist, sondern sich verbiegen kann. Er brauchte zehn Jahre, bis er die Lösung in seiner Allgemeinen Relativitätstheorie fand: Wenn der Raum sich verformen kann, dann kann er sich auch krümmen, etwa wie ein ausgespanntes Gummituch, auf das man in der Mitte ein schweres Gewicht legt, oder wie ein Trampolin. Es biegt sich nach unten durch, und jeder kleine Tischtennisball, den ich auf den Rand des Gummituchs lege, rollt unweigerlich zu der tiefen Stelle, also in Richtung des schweren Gewichtes in der Mitte. Ähnlich wird ein Himmelskörper wie etwa der Mond von schwereren Himmelskörpern wie etwa der Erde angezogen, weil der Raum wie das Gummituch gekrümmt ist. Auf diesem Prinzip beruht das Gravitationsgesetz: Die Anziehungskraft der Sterne wird durch die Raumkrümmung bewirkt.

Materie krümmt den Raum. Der Raum könnte so gekrümmt sein wie zum Beispiel eine Kugeloberfläche, allerdings mit dem Unterschied, dass die Kugeloberfläche zweidimensional ist, der Raum aber – auch in seiner Krümmung – dreidimensional. Eine Vorstellung dieser Krümmung ist nicht mehr möglich, die mathematische Beschreibung aber wiederum nicht schwierig. So könnte theoretisch der Raum die «Oberfläche» einer vierdimensionalen Kugel sein, wobei diese «Oberfläche» dreidimensional wäre, also unser gewohnter Raum. Wir werden in Teil III darauf zurückkommen.

Schließlich sei erwähnt, dass ein leerer Raum, also das Vakuum, nie wirklich leer ist. Die Quantenphysik zeigt, dass dort permanent Teilchen aus dem Nichts entstehen und wieder verschwinden. Eine genauere Beschreibung findet sich in Kapitel II, 9.

4. Masse und Energie

Eine weitere wichtige Größe ist die Masse. Oft wird sie mit dem Gewicht verwechselt. Gewicht ist die Folge von Schwerkraft, Masse dagegen hat mit Schwerkraft nichts zu tun. Ein Astronaut im Weltall hat zwar Masse, aber kein Gewicht, denn er ist schwerelos. Auf der Erde allerdings verhalten sich Masse und Gewicht proportional zueinander, so dass man die Größe einer Masse durch das Gewicht ermitteln kann. Jeder Körper hat eine Masse mit Ausnahme der masselosen Photonen.

Jede Masse enthält Energie. Die bekannte Formel $E = mc^2$ beschreibt den Zusammenhang. Hier ist m die Masse, c die Lichtgeschwindigkeit und E die zugehörige Energie, die in der Masse enthalten ist. Die Formel ergibt sich aus der Speziellen Relativitätstheorie von Albert Einstein.

Da c eine riesige Zahl ist, ist der Energiegehalt der Masse enorm. Würden wir 1 Gramm Materie vollständig in Energie umwandeln, könnten wir mit dieser Energie eine halbe Million Haushalte einen ganzen Tag lang mit elektrischer Energie versorgen. Allerdings ist die direkte Umwandlung in Energie nur teilweise möglich – bekannt als das Prinzip der Kernreaktion:

Uranatome (genau: ^{235}U) zerfallen bei ihrer Bombardierung durch Neutronen in leichtere Atome wie Krypton, Barium usw. (Kernspaltung). Würde man das Gewicht des Uranatoms vor der Spaltung messen und nach der Spaltung das Gewicht der Summe aller Spaltprodukte, so ist Letzteres leichter als das Uranatom. Bei der Spaltung geht also Masse verloren. Diese Masse verwandelt sich in Energie. Bezeichnen wir die verlorene Masse mit Δm (Δ steht hier für den griechischen Buchstaben Delta), so ist die gewonnene Energie E = Δm · c^2.

Energie tritt in verschiedenen Formen auf: Wärme, Bewegungsenergie, Licht, Elektrizität. Eine Energieform kann in eine andere umgewandelt werden. Dabei bleibt die Gesamtenergie immer erhalten. Als Beispiel betrachten wir einen 100-Meter-Läufer. Seine potentielle Energie ist E = mc^2, wenn m die Masse seines Körpers ist. Wenn er losrennt, wird ein Teil dieser Energie in Bewegungsenergie umgewandelt. Für diese Energieform gibt es die bekannte Formel $E_B = 1/2mv^2$. Sie macht nur einen winzigen Bruchteil seiner Ruheenergie aus, welche als Bewegungsenergie abgezweigt wird, nämlich etwa 0,000000000000001 oder 10^{-15}.

5. Die Geometrie der Natur

5.1 Euklidische und natürliche Geometrie

Die von den Menschen geschaffenen Dinge wie Häuser, Autos, Straßen, Felder und Fabriken unterliegen geometrischen Strukturen, die gegenüber den Strukturen der Natur idealisiert und vereinfacht sind. Es sind Geraden, Kreise, Ellipsen, Strecken und Ebenen. Beschrieben und in einer eigenen, nach dem Urheber benannten Geometrie untergebracht wurden diese Objekte von Euklid. Kreisformel, Pythagoras-Satz und Strahlensätze beschreiben die Eigenschaften dieser Objekte.

Nirgendwo in der Natur finden wir Objekte der euklidischen Geometrie. Die Geometrie der Natur besteht aus krummen Linien, gewundenen Flächen, Körpern mit unregelmäßigen Oberflächen. Nirgends entdecken wir Kreise, Ellipsen und Geraden. Die Erde umläuft zwar die Sonne auf einer Ellipsenbahn, die aber durch Störeffekte durch andere Planeten bei genauem Hinsehen keine exakte Ellipse ist. Doch wie verhält es sich mit einem Lichtstrahl? Verläuft dieser nicht auf einer Geraden? Die Antwort lautet: Nein, denn ein Lichtstrahl wird abgelenkt durch die Anziehung benachbarter Materie (Gravitation) und bildet daher eine leicht gekrümmte Linie.

Die Elemente der euklidischen Geometrie sind also reine Denkkonstrukte. Sie beschreiben nicht die in der Natur vorgegebene Realität, sondern nur die von Menschen geschaffene Wirklichkeit.

Welche aber sind dann die Elemente der Geometrie in der Natur, im Makro- und im Mikrokosmos? Schauen wir uns ein Bergmassiv an. Die Begrenzung der Silhouette verläuft unregelmäßig auf und ab. Wir bewegen uns auf die Bergkette zu, besteigen einen der Berge. Es geht mal mehr, mal weniger steil bergauf; die Unregelmäßigkeiten setzen sich fort. Blicken wir auf die Erde unter uns zurück, beobachten wir die gleiche Strukturlosigkeit. Selbst die fast unendlich vielen Blätter der Bäume haben ihre eigene Gestalt. Sehen wir nach oben, fallen die Wolken in unseren Blick. Jede hat eine eigene Struktur mit unregelmäßigen Rändern. Der gesamte Wolkenhimmel bildet ein ästhetisches Ganzes mit vielen einzelnen Gebilden, die wiederum unregelmäßig umrandet sind.

Ähnliches erfahren wir bei einer Küstenlinie. Auf der Land-

Abbildung 2: Eine der möglichen Grundstrukturen einer
Schneeflocke als Beispiel für eine selbstähnliche Figur

karte sehen wir eine unregelmäßig gezackte Linie. Vergrößern
wir eine Stelle, bietet sich uns das gleiche Bild.

Hier erleben wir eine erste Eigenschaft der natürlichen Geometrie: Geometrische Strukturen wiederholen sich in ähnlicher Form, wenn wir Teile eines geometrischen Objektes wie
mit einer Lupe untersuchen. Die Chaosforscher bezeichnen
diese Eigenschaft als Selbstähnlichkeit. Selbstähnlichkeit erleben wir, wie dargestellt, bei Küstenlinien, Blättern, Blumen,
Wolken, Bäumen, Bergsilhouetten etc. Besonders schön lässt
sie sich anhand der Gestalt einer Schneeflocke nachweisen
(siehe Abschn. II, 3.2 sowie Abb. 2). Die verschiedenen Veräste-
lungen innerhalb einer Schneeflocke wachsen in ähnlicher
Weise und mit ähnlicher Geschwindigkeit während des Falls
aus großer Höhe. Daraus ergibt sich deren Selbstähnlichkeit.

5.2 Grenzen der Messbarkeit

Wir betrachten die Küstenlinie einer Insel und stellen uns die Aufgabe, die Länge der Küstenlinie zu ermitteln. In der ersten Näherung vermessen wir diese mit Hilfe einer Landkarte. Das Ergebnis unterliegt dabei natürlich einer Idealisierung, deren Grad vom Maßstab abhängt. Der Wert ist also ungenau. Im nächsten Schritt gehen wir die Küste ab und vermessen jeden Schritt. Der jetzt erhaltene Wert ist genauer und vermutlich länger, da wir Ausbuchtungen erfassen, die in der Karte nicht eingezeichnet sind. Würden wir schließlich die Küstenlinie mikroskopisch genau untersuchen und auch die kleinsten Rundungen berücksichtigen, erhielten wir vermutlich einen riesigen Wert.

Wenn wir demnach einen Längenwert für die Küste angeben, so ist dieser Wert offenbar abhängig von unserem Messverfahren. Die Art und Weise, mit der wir kleinste Details berücksichtigen oder vernachlässigen, beeinflusst unser Ergebnis.

Bei der Behandlung der Quantenphysik (Abschn. II, 7.3) werden wir sehen, dass Messungen im Mikrokosmos stets vom Beobachter abhängen, also von demjenigen, der die Messung ausführt.

Durch Messvorgänge lassen sich naturgegebene Größen quantifizieren. Auf diese Weise gelingt es uns, sie in ein beherrschbares Weltbild einzuordnen.

5.3 Fraktale Geometrien

All die gerade beschriebenen Formen der Natur haben mit den klassischen Objekten der euklidischen Geometrie nichts zu tun und bilden das, was man als fraktale Geometrie bezeichnet.

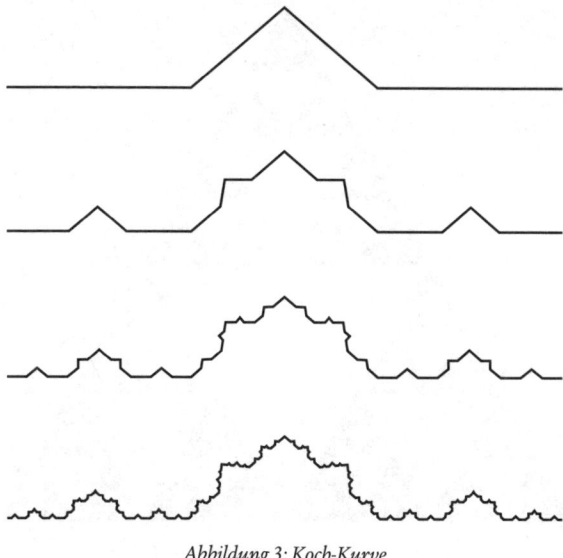

Abbildung 3: Koch-Kurve

Im Zeitalter der Computer ist es gelungen, fraktale Gebilde durch einfache Algorithmen im Rechner entstehen zu lassen. Vorläufer war eine selbstähnliche Kurve, wie sie der schwedische Mathematiker Helge Koch 1904 entwickelte (Koch-Kurve). Diese Kurve füllt nur einen Teil der Fläche aus. Sie passt auf eine Briefmarke, ist aber unendlich lang.

Die Konstruktion der Koch-Kurve ist einfach (Abb. 3): Eine gerade Strecke wird gedrittelt und im mittleren Drittel eine dreiecksähnliche Erhöhung eingefügt (Abb. 3, erste Kurve). In der zweiten Kurve wird nun jede der vier entstandenen Einzelstrecken ebenso behandelt. Man kann dieses Vorgehen nun beliebig lange fortsetzen; die Kurve wird selbstähnlich und immer differenzierter. Durch eine einfache Rechnung ermittelt man: Jede Kurve ist 4/3 Mal so lang wie die Vorgängerkurve (falls die Erhöhung in der Mitte die Form eines gleichseitigen

Abbildung 4: Sierpinski-Dreieck – Beispiel einer selbstähnlichen Figur

Dreiecks hat und alle Teilstrecken gleich lang sind). Offenbar werden damit die Kurven beliebig lang. Wenn die erste Kurve in Abbildung 3 10 Zentimeter lang ist, dann ist die achte Kurve $10 \cdot (4/3)^7 = 74{,}9$ Zentimeter lang, die fünfzehnte Kurve $10 \cdot (4/3)^{14} = 561$ Zentimeter und die einhundertste Kurve sogar $10 \cdot (4/3)^{99} = 233$ Millionen Kilometer lang. Lässt man in $(4/3)^n$ n gegen unendlich gehen, wird die Kurve unendlich lang.

Ein typisches Beispiel einer selbstähnlichen Figur ist das Sierpinski-Dreieck (Abb. 4; Waclaw Sierpinski, polnischer Mathematiker, 1882–1969). Es ist in jedem seiner Ausschnitte selbstähnlich. Würde man eine Lupe nehmen und einen Teil herausgreifen und vergrößern, erhielte man dieselbe Strukturierung, und dies bei beliebiger Vergrößerung bis ins Unendliche. Die Konstruktion des Sierpinski-Dreiecks erfolgt in den folgenden Schritten:

1. Zeichne ein Dreieck.
2. Verbinde die Mittelpunkte der drei Seiten. Dadurch wird das ursprüngliche Dreieck in vier Teildreiecke zerlegt.
3. Entferne das mittlere der vier Teildreiecke, die anderen drei bleiben übrig.
4. Wende Schritt 2 und 3 auf die übrig gebliebenen Teildreiecke an; usw.

Die Koch-Kurve sowie das Sierpinski-Dreieck der Abbildung 4 sind Beispiele von selbstähnlichen Geometrien, wie sie auch in der Natur vorkommen.

Die Mathematik, zu der auch die Geometrie gehört, ist die Sprache der Physik. Wir beschreiben, wie erläutert, die uns umgebende Natur mit idealisierten Bildern, die in ihrem Gehalt gegenüber den Vorgaben der Natur reduziert sind. Kreise, Geraden und Ellipsen gibt es eben nur in unseren Vorstellungen. Diese Konstruktionen müssen aber ausreichen, um Vorgänge der Natur abzubilden. Dass dabei zwangsläufig Ungenauigkeiten entstehen, wissen die Chaosforscher, die die Diskrepanzen zwischen Natur und unserer idealisierten Anschauung zu beschreiben versuchen.

5.4 Galerie der Ungeheuer

Eine Gerade hat bekanntlich eine Dimension, eine Fläche zwei Dimensionen, und der Raum hat drei Dimensionen. Gibt es auch vierdimensionale oder fünfdimensionale Räume? Die Physiker betrachten den dreidimensionalen Raum zusammen mit der Zeit als einen vierdimensionalen Raum und bezeichnen dieses Gebilde als *Raumzeit*. Natürlich können wir uns Räume mit mehr als drei Dimensionen nicht vorstellen. Trotzdem ist es für Mathematiker völlig problemlos, fünf-, sechs-

oder gar hundertdimensionale Räume zu betrachten. Die zugehörige Mathematik ist, wie bereits erwähnt, nicht kompliziert.

Eine Dimension ist von der Anschauung her stets ganzzahlig, also in eine Reihe 1, 2, 3, ... einzuordnen. Ein Seidenfaden
hat nur eine Dimension. Verweben wir ihn zu einem Seidenstoff, entsteht ein zweidimensionales Gebilde. Falten wir diesen Stoff, indem wir viele Schichten übereinanderlegen, entsteht eine räumliche Ausdehnung mit der Dimension drei.

Lässt sich eine mathematische Kurve finden, die wie der Seidenfaden im obigen Beispiel eine ganze Fläche ausfüllt? In diesem Fall müsste sich die Kurve so durch die Ebene winden, dass
sie durch sämtliche Punkte der Ebene geht, ohne sich einmal
zu schneiden. Kein Punkt der Ebene darf ausgelassen werden.

1890 fand Guiseppe Peano tatsächlich eine solche Kurve. Sie
ist in der Mathematik als «Peano-Kurve» bekannt. Später fand
man noch andere Kurven, die eine ganze Fläche füllten. Diese
Kurven bereiteten den Mathematikern einige Kopfschmerzen. Da es sich um eine Kurve handelt, ist sie eindimensional.
Andererseits füllt sie eine Fläche aus, müsste also zweidimensional sein. Der Mathematiker Henri Poincaré bezeichnete
diese Kurven als «Galerie der Ungeheuer».

Ein weiteres Beispiel ist die oben erläuterte Koch-Kurve.
Über Grenzwertprozesse, auf die hier nicht eingegangen werden soll, kann man die Dimension des Gebildes ermitteln und
erhält eine Überraschung: Die Koch-Kurve hat (für $n \rightarrow \infty$) die
Dimension 1,26285. Das Sierpinski-Dreieck hat die Dimension $\log_2 3 = 1,58496 \ldots$ Man spricht von einer fraktalen Dimension. Im Jahr 1977 fand Benoît B. Mandelbrot über Computerberechnungen weitere Gebilde mit einer gebrochenen
Dimension. Bei der Errechnung der Dimension der Küstenlinie von Großbritannien erhielt man den Wert 1,26.

6. Die Mandelbrot-Menge

Benoît Mandelbrot wurde 1924 in Warschau geboren und floh mit seinen Eltern vor den Nationalsozialisten nach Paris. Er studierte Luftfahrttechnik und Linguistik, eignete sich wirtschaftswissenschaftliche Kenntnisse an und arbeitete mit dem berühmten Mathematiker John von Neumann zusammen. Später war er im Thomas Watson Research Center der IBM in New York tätig.

Mandelbrot beschäftigte sich unter anderem mit fraktaler Geometrie. In seinem Buch *The Fractal Geometry of Nature* schreibt er: «Wolken sind keine Kugeln, Berge keine Kugeln, Küstenlinien keine Kreise, die Rinde ist nicht glatt, und auch der Blitz bahnt sich seine Wege nicht gerade.» Sogar gewisse Strukturen der Finanzmärkte beschrieb Mandelbrot als «fraktal».

Mandelbrot fand mathematische Strukturen, die wie die Objekte der Natur selbstähnlich sind und sich mit mathematisch fundierten Computerverfahren konstruieren lassen. Es handelt sich um die nach ihm benannte Mandelbrot-Menge (Abb. 5), eine Punktmenge in der Ebene. Diese Figur wird auch landläufig als «Apfelmännchen» bezeichnet.

Die eigentlich interessanten Strukturen findet man im Grenzgebiet zwischen Hell und Dunkel. Vergrößert man die Randgebiete, entstehen beeindruckende ästhetische Gebilde, wie sie zum Beispiel die Abbildung 6 zeigt. Mandelbrot schreibt dazu: «Diese Menge ist eine erstaunliche Kombination aus äußerster Einfachheit und schwindelerregender Kompliziertheit.»

Die Bremer Mathematiker Hartmut Jürgens, Hans-Otto Peitgen und Dietmar Saupe produzierten mit Hochgrafik-

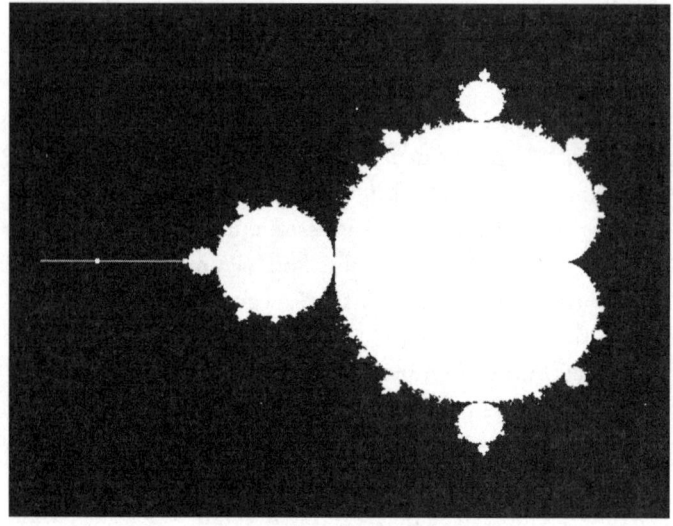

Abbildung 5: Die Mandelbrot-Menge

Geräten Mandelbrot-Mengen und zugehörige Bilder. Sie vergrößerten sie und stellten eine Ausstellung zusammen, die sie in zwei Kopien um die Welt schickten. Die Ausstellung brach alle Besucherrekorde von Kunstausstellungen. Der *Guardian* schrieb seinerzeit: «Wenn Sie bislang nicht glauben wollten, dass in Mathematik Schönheit stecken könnte, dann gehen Sie in diese Ausstellung.» Filmemacher nutzen inzwischen diese Objekte als künstlerischen Hintergrund, der Komponist György Ligeti wurde von ihnen zu neuen Klavieretüden inspiriert, und dänische Architekten wollen fraktale Bilder als Vorbilder für Gebäude verwenden. Zahlreiche Hobby-Programmierer in aller Welt schaffen immer wieder neue Varianten dieser Bilder. Die Visualisierung der Mandelbrot-Menge geschieht über Iterationen in der komplexen Zahlenebene mit Hilfe von Computerprogrammen. Das Generierungsverfahren

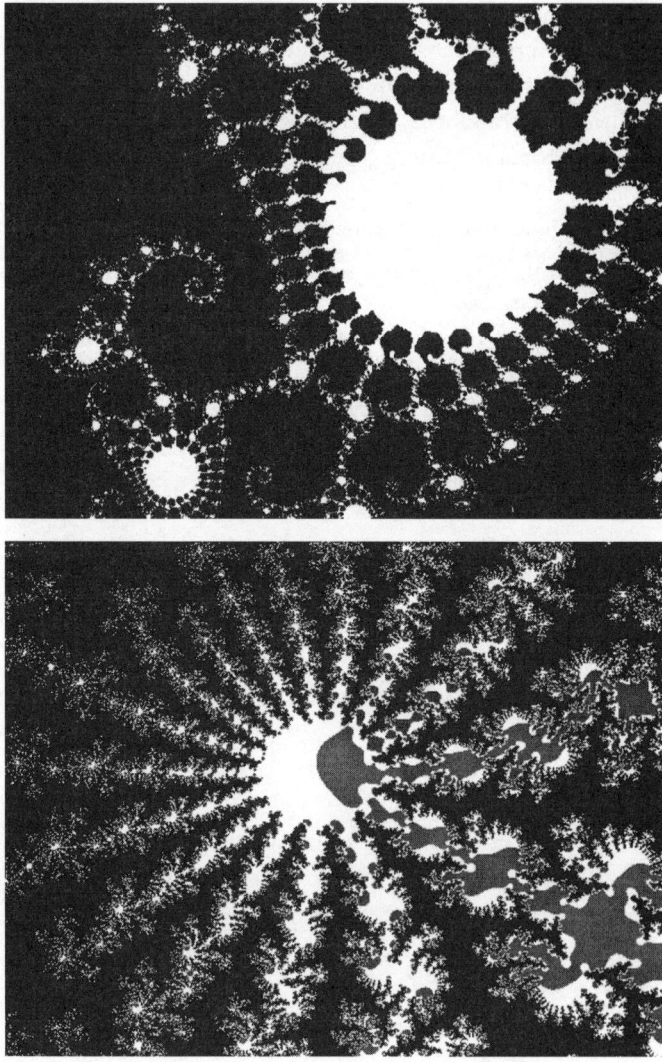

Abbildung 6: Zwei Ausschnitte aus der Mandelbrot-Menge

ist so einfach, dass auch jeder Nichtmathematiker Mandel-
brot-Bilder produzieren kann, solange er nur grundlegende
Programmierkenntnisse besitzt. Im Anhang des Buches wird
die (leicht verständliche) Mathematik erklärt und eine Anlei-
tung zur Programmierung gegeben.

Der eigentliche Entdecker dieser geometrischen Strukturen
war vor Mandelbrot der französische Mathematiker Gaston
Julia (1893–1978). Er beschäftigte sich 1918 als Kriegsgefan-
gener in einem Lazarett mit Grenzmengen in der komplexen
Zahlenebene und fand selbstähnliche Strukturen. Zeitgleich
und parallel zu Julia stieß der Franzose Pierre Fatou (1878–
1929) auf etwas Ähnliches. Da es aber noch keine Computer
gab, um diese Bilder zu visualisieren, gerieten ihre Arbeiten
bald wieder in Vergessenheit.

II. Eine Reise in die Mikrowelt

Falls Gott die Welt erschaffen hat,
war seine Hauptsorge nicht, sie so zu machen,
dass wir sie verstehen können.
Albert Einstein in einem Brief
an David Bohm vom 10. Februar 1954

1. Die Verkleinerung der Maßstäbe

Wir leben in einer Welt, in der die Größe in Meter und die Zeit in Stunden, Minuten und Sekunden gemessen wird. Dabei orientieren wir uns an uns selbst, unserer eigenen Größe und an der durch unser Gehirn oder unser Bewusstsein vorgegebenen Wahrnehmungsfähigkeit. Es gibt Insekten, deren Zeitempfinden völlig anders verläuft. Sie reagieren schneller, entsprechend der für sie schneller verlaufenden Zeit. Und entsprechend ist ihre Lebenszeit auch kürzer. Auf der anderen Seite der Skala leben Tiere wie zum Beispiel die Schildkröten, deren Zeit in Zeitlupe verläuft, sie bewegen sich entsprechend langsam und werden uralt.

Was wäre, wenn wir unsere Wahrnehmung von Zeit und Raum verändern könnten? Wenn wir die Welt aus der Perspektive einer Schildkröte oder aus der Perspektive einer Eintagsfliege, einer Ameise oder gar eines Bakteriums betrachten könnten?

Um die Welt kontinuierlich zu erleben, nimmt der Mensch 60 Ereignisse pro Sekunde wahr. Eine Fliege registriert fünf- bis sechsmal so viele Ereignisse pro Sekunde wie ein Mensch und erlebt die Welt völlig anders. Sie reagiert schneller und entgeht daher auch fast immer unserem Zugriff.

Beschränkt auf unsere Meter-Minuten-Welt, geraten wir also schnell an die Grenzen unserer Wahrnehmung. Daher konnte die eingangs dargestellte Frage, ob sich ein galoppierendes

Pferd für einen winzigen Augenblick in der Luft befindet, nur mittels technischer Unterstützung beantwortet werden, da wir eben nicht mehr als 60 Ereignisse pro Sekunde wahrnehmen können. Um den entsprechenden Nachweis zu erbringen, postierte im Jahr 1877 der Engländer Eadweard Muybridge 24 Kameras entlang der Laufrichtung eines galoppierenden Pferdes. Die Kameras lösten im Sekundenabstand aus, und die Auswertung der Bilder ergab, dass ein galoppierendes Pferd sich tatsächlich für einen winzigen Augenblick in der Luft befindet.

Mit dieser Idee ebnete er den Weg für Filmaufnahmen. Bilder werden so schnell hintereinandergereiht, dass wir die Einzelbilder nicht mehr erkennen und einen kontinuierlichen Eindruck von dem Gesehenen gewinnen. Eine Fliege würde demgegenüber nicht darauf hereinfallen, sie würde die Bilder einzeln sehen.

Bald erkannte man, dass man Vorgänge im Zeitraffer und in Zeitlupe filmen kann. Man gewann Einblicke in Vorgänge, die nur Bruchteile von Sekunden dauern. So erfuhr man, dass eine Fliege 20 Flügelschläge während eines einzigen menschlichen Lidschlags macht. Krebse zertrümmern Muscheln, indem sie mit ihren Keulenbeinen mit vielfacher Erdbeschleunigung auf die Muschel einschlagen. Vorgänge, die verborgen sind, wurden sichtbar und real.

Auch das Zeitrafferverfahren, in dem die Zeit gedehnt wird, eröffnete neue Sichtweisen. In diesen Filmen rasen Wolken am Firmament entlang, Pflanzen werden grün, blühen und verwelken, Ebbe und Flut wechseln sich innerhalb weniger Minuten ab usw. Heute gibt es Kameras, die 10000 Bilder pro Sekunde aufnehmen können und die Zeit um das 400-fache verlangsamen.

Dabei können wir nicht nur die Zeit dehnen oder verkürzen, sondern auch den Raum. Mit Mikroskopen erkennen wir

Kleinsttiere, die mit bloßem Auge kaum erkennbar sind, oder auch die DNA. Moleküle werden sichtbar im Elektronenmikroskop. Größen bis zu einem 250-tel eines Haares können mit Lichtmikroskopen erkannt werden. Unterhalb der Moleküle, in den Bereich der Atome, können wir mit Mikroskopen nicht eindringen. Sie sind zu klein. Hier sind wir auf Theorien angewiesen, die durch Experimente bestätigt wurden. Gehen wir in noch kleinere Areale, gelangen wir an eine Grenze der Erkenntnis, wie sie durch die Heisenberg'sche Unschärferelation beschrieben wird. Alles, was unterhalb der Unschärferelation existiert, unterliegt den Gesetzen der Quantenphysik. Hier herrschen Gesetzmäßigkeiten, von denen der Quantenphysiker Richard P. Feynman sagte, dass kein Mensch sie letztlich versteht.

Im Folgenden steigen wir hinab in die Welt des Mikrokosmos, zunächst in die Welt der Mikroorganismen. Danach erkunden wir die Nanowelt der Moleküle und die Pikowelt der Atome. Schließlich landen wir in der Quantenwelt, deren Gesetze, wie beschrieben, klassisch nicht mehr zu verstehen sind, und in der Welt der Quarks als Vorstufe zum Vakuum.

2. Mikroorganismen:
Milliarden und Milliarden

Wir wenden uns Lebewesen zu, die sich nur mikroskopisch beobachten lassen: die Mikroorganismen. Sie umfassen nicht ausschließlich, aber hauptsächlich Einzeller, zum Beispiel Bakterien, Pilze oder mikroskopische Algen. Viren werden von vielen Biologen nicht zu den Mikroorganismen gezählt, da sie keinen eigenen Stoffwechsel haben und sich nur in Wirtszellen

vermehren können, indem sie die DNA der Wirtszelle so um-
programmieren, dass diese neue Viren produziert.

Bakterien wurden erstmals 1676 von Antoni van Leuwen-
hoek mit einem selbstgebauten Mikroskop beobachtet. Er fand
sie in Gewässern und im menschlichen Speichel. Heute schätzt
man die Zahl der verschiedenen Arten auf zwei bis drei Milliarden. Davon sind aber weniger als 0,5 Prozent bekannt, was zu
immer wieder neuen, interessanten Entdeckungen führt.

In einem Liter Meerwasser können mehr als 20 000 unter-
schiedliche Arten von Mikroorganismen leben. In den Ozea-
nen leben bis zu zehn Millionen Arten von Mikroben. Diese
erzeugen mindestens die Hälfte des elementaren Sauerstoffs
auf der Erde, machen sie mithin allererst bewohnbar. Die
meisten Mikroorganismen verursachen beim Menschen keine
Krankheiten.

Wir betrachten im Folgenden jene Mikroben, die unseren
Körper bevölkern. Diese Mikroben sind für uns lebenswichtig, sie helfen bei der Verdauung, schützen uns vor dem Einfall
anderer gefährlicher Mikroben, produzieren Enzyme usw. Der
menschliche Körper besteht aus etwa

$$10\,000\,000\,000\,000 \text{ Zellen,}$$

enthält aber

$$1\,000\,000\,000\,000\,000 \text{ Mikroben,}$$

also 100 Mal mehr Mikroben als Zellen (etwa 10^{15}). Könnte
man alle Mikroben, die ein Mensch beherbergt, auf einen
Kubikmillimeter vergrößern, erhielte man ein Gesamtvolumen
von einer Million Kubikmetern. Dies ist mehr als die Wassermenge, die 1000 Schwimmbäder normaler Größe fassen. Die
Gesamtmasse aller Mikroorganismen des menschlichen Körpers wiegt fast ein Kilogramm.

Auf jedem Quadratzentimeter der Haut sitzen 100 bis
10 000 Mikroben. Verglichen mit den von Millionen Mikroben
bevölkerten Schleimhäuten ist die Haut also relativ keim-
arm. So fand man heraus, dass der Mund eines Menschen über
20 Millionen Mikroben beherbergt, darunter Bakterien, Gei-
ßeltierchen, Amöben und Pilze. Es sind 300 bis 400 verschiedene Arten, die auf der Zunge, den Schleimhäuten und auf den
Zähnen leben. Die meisten sind nützlich, sie stärken unser
Immunsystem und schützen die Schleimhäute. Noch «bevöl-
kerungsreicher» ist allerdings unser Darmbereich. Dort nisten
in einem Menschen mehr Mikroorganismen, als jemals Menschen auf der Erde gelebt haben, also viele Milliarden. Das
Darmbakterium *Escherichia coli* kann sich alle 20 Minuten ver-
doppeln. Die meisten Darmmikroben sind Bakterien. Sie produzieren Enzyme, die die Nahrung in kleinste Teile zerlegen,
die dann der Körper aufnehmen kann. Etwa 30 Prozent der
Kalorien, die wir benötigen, entstehen über diese Bakterien-
hilfe. In einem Gramm menschlicher Ausscheidung befinden
sich 100 Milliarden Mikroorganismen.

In einem Experiment mit Mäusen versuchte man herauszufinden, ob ein höheres Lebewesen ohne Mikroben lebens-
fähig ist. Die Mäuse, denen alle Mikroben entzogen wurden,
hatten nach einiger Zeit deformierte und funktionsuntüchtige
Organe.

3. Die Welt der Moleküle

Wir begeben uns noch tiefer in den Bereich des Kleinen. Unterhalb der Kleinsttiere und Mikroben stoßen wir auf die Welt der
Moleküle. Wir betrachten eines der interessantesten Moleküle:
das Wassermolekül.

3.1 Wasser, das Lebensmolekül

Das winzige Wassermolekül steckt voller Merkwürdigkeiten. Seit Jahrhunderten erforschen Wissenschaftler das Wasser – ohne dieses Element vollends zu begreifen. Die renommierte Fachzeitschrift *Nature* meldete vor einiger Zeit: «Niemand versteht Wasser wirklich.»

Eigentlich müsste Wasser bei Raumtemperatur gasförmig sein. Vergleichbare Moleküle wie Ammoniak, Chlorwasserstoff oder Methan werden bereits bei Temperaturen unter minus 33 Grad Celsius (Methan sogar bei minus 162 Grad Celsius) gasförmig. Die besondere Struktur des Wassermoleküls sorgt dafür, dass Wasser aber erst bei ca. 100 Grad in diesen Aggregatzustand übergeht. Würde dies sich anders verhalten, wäre Leben auf unserem Planeten nicht möglich.

Alle Stoffe ziehen sich bei Kälte zusammen und gewinnen an Dichte. Ein Feststoff hat daher eine höhere Dichte als die entsprechende Flüssigkeit. Die Folge ist, dass zum Beispiel gefrorener Alkohol in einem Glas flüssigen Alkohols nach unten sinkt.

Wenn Wasser sich ebenso verhielte, würde ein See von unten her zufrieren. Fische und andere Wassertiere würden einen strengen Winter nicht überleben. Bachläufe wären, diesem Prinzip folgend, bald verstopft.

Glücklicherweise verhält sich Wasser anders: Wasser hat seine höchste Dichte nicht am Gefrierpunkt, sondern bei plus 4 Grad. Ab 4 Grad abwärts beginnt es sich wieder auszudehnen. Daher ist Eis leichter als flüssiges Wasser und schwimmt oben. Ein See friert nicht von unten her zu, sondern bildet die Eisschicht an seiner Oberfläche. Diese übernimmt sogar eine wärmende Funktion. Kommt noch eine Schneedecke hinzu, ist der See bestens geschützt vor dem totalen Durchfrieren.

Am Grunde des Sees sammelt sich das 4 Grad warme Wasser, und Fische, Krebse und Algen haben genug lebensfreundlichen Raum, um die kalte Jahreszeit zu überstehen.

Im Wasser lösen sich mehr Stoffe als in allen anderen Flüssigkeiten. Nur deshalb können wir auch Nährstoffe aufnehmen, weil Wasser die unterschiedlichsten Substanzen lösen kann.

Es gibt keine andere chemische Verbindung, die unseren Planeten so nachhaltig beeinflusst. Wasser beeinflusst Wetter und Klima, es füllt die Ozeane, fällt als Regen, Schnee und Hagel und vermag ganze Landschaften zu formen. Ohne Wasser gäbe es kein Leben, selbst der menschliche Organismus besteht zu zwei Dritteln aus Wasser.

Wasser ist allgegenwärtig, seine Formel H_2O auch Nichtchemikern bekannt: Zwei Wasserstoffatome und ein Sauerstoffatom bilden ein Wassermolekül.

Dieses Gebilde ist so klein, dass ein Tropfen Wasser etwa 1,67 Trilliarden Moleküle enthält. Um ein Gefühl für diese unglaublich große Zahl zu bekommen, vergrößern wir in Gedanken jedes Wassermolekül eines einzigen Tropfens auf einen Kubikmillimeter. Wie viel «Hyperwasser» entsteht? Ein Tropfen Wasser vergrößert sich auf eine Wassermenge, die über dreißigmal den Bodensee füllen würde. Würde man dieses «Hyperwasser» auf ganz Deutschland verteilen, hätten wir «Hochwasser» in einer Höhe von etwa zwei Meter. Das alles aus einem einzigen Tropfen Wasser.

Am Kältepol der Erde in Jakutien (Russland) spritzen Menschen bei einer Lufttemperatur von minus 50 Grad kochendes Wasser in die Luft. Was passiert? Es rieselt in Eiskristallen wieder herab. Bei normal temperiertem Wasser funktioniert das nicht. Stellt man nämlich einen Topf mit dampfend heißem Wasser und einen mit lauwarmem Wasser in eine Gefriertruhe, erstarrt zuerst das heiße Wasser und dann erst das lauwarme.

Abbildung 7: Schneeflocken, 1902 fotografiert von Wilson Bentley

Eine Erklärung für dieses irritierende Phänomen gibt es bis dato nicht. Insgesamt entdeckten Wissenschaftler mehr als 70 skurrile Wesenszüge des «Wasserverhaltens» (Anomalien).

3.2 Schneeflocken – jede ist anders

Der Jurist und Astronom Dr. Johann Heinrich Flögel aus Ahrensburg (1834–1918) war 1879 der Erste, der Schneeflocken unter dem Mikroskop fotografierte. Es folgte ihm der amerikanische Farmer Wilson Bentley (1865–1931), der in der Kleinstadt Jericho lebte. Er entwickelte selbst ein geeignetes Verfahren und fotografierte mehr als 5000 Schneeflocken. Aufgrund seiner Beobachtungen stellte er 1922 die These auf, dass jeder Schneekristall anders geformt ist («no two snowflakes are alike»).

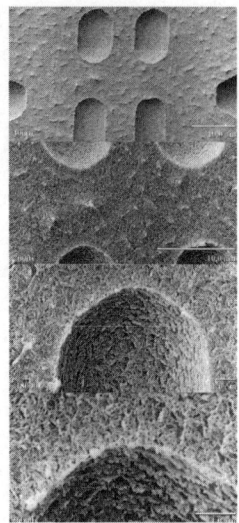

Abbildung 8: Nahaufnahmen von Schneeflocken mit dem Elektronenmikroskop

Im Jahre 1931 veröffentlichte Bentley sein Buch *Snow Cristals*, in dem er 2400 Fotos seiner Schneekristalle veröffentlichte. Er schreibt: «Unter dem Mikroskop sah ich, dass Schneeflocken von wunderbarer Schönheit sind (snowflakes are miracles of beauty), und es ist bedauerlich, dass diese Schönheit nicht von allen gesehen und geschätzt werden kann. Jedes Kristall ist ein Meisterwerk von Design und jedes Design ist einzigartig, wiederholt sich nicht» (vgl. *http://snowflakebentley.com*).

Die Fotoplatten vermachte er dem Buffalo Museum of Science in Jericho, USA, wo sie auch heute noch ausgestellt sind.

Bentley fand unter den 5000 Schneeflocken, die er fotografierte, nicht zwei identische, jede war anders. In der Tat ist die identische Strukturierung zweier Flocken äußerst unwahrscheinlich, denn eine Schneeflocke enthält 10^{18} Wassermoleküle. Diese riesige Zahl ist der Grund, warum sich so viele verschiedene Muster bilden können.

Bentleys These, dass es nicht zwei gleich strukturierte Schneeflocken gibt, wurde allerdings 1988 von Nancy Knight, einer Schneeforscherin vom National Center for Atmospheric Research, widerlegt: Sie präsentierte zwei vollkommen identische Schneeflocken.

Schneeflocken entstehen, wenn Wasser sich an Kristallisationskeimen (z.B. Staubteilchen) anlagert und dort gefriert. Dies geschieht in großer Höhe bei Temperaturen von unter minus 12 Grad. Während des Falls wächst der Keim zu einer Schneeflocke heran. Es bilden sich die bekannten sechseckigen Formen, in denen nur Winkel von exakt 60 Grad und 120 Grad möglich sind.

Ist der Schnee locker, befindet sich viel Luft zwischen den einzelnen Flocken, dadurch wirkt er schalldämmend. Frisch gefallener Schnee ist für die Pflanzenwelt von Vorteil, da er bis zu 95 Prozent eingeschlossene Luft enthält, mithin die Pflanzen unter der Schneedecke vor scharfem Frost und vor Frostwinden isoliert.

4. Die DNS, Baustein des Lebens

Ermöglicht Wasser das Leben, so sind die DNS-Moleküle (oder auch DNA) die Träger des Lebens. Die DNS (Desoxyribonukleinsäure) ist Trägerin sämtlicher Erbanlagen und befindet sich in jeder Zelle des Organismus. Die DNS des Menschen ist aneinandergereiht 2 Meter lang, ihr Durchmesser beträgt aber nur 2,5 Nanometer, das ist etwa 10 000 Mal dünner als ein Haar. Dementsprechend gering ist ihr Volumen; es beträgt lediglich 0,00000004 Kubikmillimeter und passt in jede Zelle.

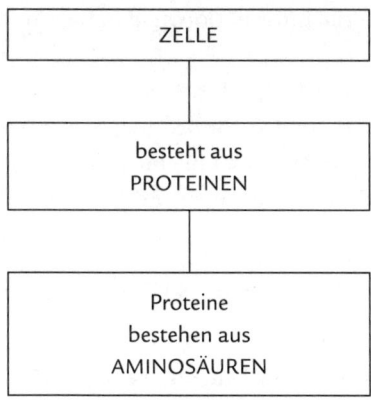

Abbildung 9: Der Aufbau einer biologischen Zelle

Wir werden im Folgenden diese Moleküle, die Bausteine des Lebens, etwas genauer betrachten.

4.1 Zellen, Proteine, Aminosäuren

Lebende Organismen bestehen bekanntlich aus biologischen Zellen. Diese Zellen wirken als chemische Einheiten und erfüllen verschiedene Aufgaben: Gehirnzellen wirken als Neuronen, Darmzellen sind Teil des Verdauungstrakts usw. Darüber hinaus besitzen sie die Fähigkeit der Selbstregulierung, der Teilung usw.

Welche sind die Bausteine einer Zelle? Jede Zelle besteht aus hochkomplexen Eiweißmolekülen oder Proteinen. Dabei benötigt jede Zelle ihren eigenen Proteintypen, um ihre Spezialaufgabe zu erfüllen.

Wenn eine Zelle sich teilt, müssen in den neu entstandenen Zellen die zellspezifischen Proteine erstellt werden. Jede Zelle ist in der Lage, ihre eigenen Proteine aufzubauen. Woher nimmt sie aber die Informationen über den Aufbau eines Proteins?

Die Informationen aller Proteine des Menschen sind in der DNS gespeichert, und diese befindet sich im Zellkern einer jeden Zelle. Es handelt sich um eine Kette von Molekülen, die in Teilketten, den Chromsomen, aufgeteilt ist.

4.2 Die genetische Verschlüsselung

Wenn wir diese gesamte Informationskette betrachten, stellen wir fest, dass die Grundelemente (bei einer Perlenkette wären das die Perlen) nur vier Moleküle sind: Adenin, Guanin, Cytosin und Thymin. Veranschaulichen wir sie als grüne, rote, blaue und gelbe Perlen, erhalten wir eine bunte Perlenkette in vier Farben.

Diese Perlenkette enthält sämtliche Informationen, den gesamten Bauplan eines Lebewesens. Beim Menschen zum Beispiel das Geschlecht, die Farbe der Augen, die Körperform usw.

Nur aus der Reihenfolge der Perlen kann die Zelle den Aufbau der Proteine ablesen und aus dieser Information heraus die Proteine bilden.

Die Genetiker bezeichnen die vier Grundmoleküle oft mit den Buchstaben A, G, C und T. Die Perlen unserer Kette sind dann ähnlich aufgereiht wie in dieser Beispielsequenz:

TGCCTTGAGAATCGGTTTACATCATGGCCAAAAGTT...

Beim Menschen wäre die Kette bei obiger Schreibweise mindestens 7000 Kilometer lang. Sie wird aufgebaut durch 3 Milliarden Basenpaare. Wie bereits erwähnt, ist die DNS in jeder einzelnen Zelle gespeichert. Mithin sind in jeder Zelle also auch jene Informationen von Proteinen gespeichert, die die Zelle selbst gar nicht benötigt.

Wie kann die Zelle aus obiger Kette mit nur vier Buchstaben den molekularen Aufbau eines zellspezifischen Proteins ablesen?

Das Prinzip ist verblüffend einfach: Je drei Buchstaben – zum Beispiel CTG oder CAA – verschlüsseln ein Molekül. So steht TCA für das Molekül Serin, CTG für Leucin und GCC für Alanin. Diese Moleküle bezeichnet man als Aminosäuren, von denen es wiederum 20 verschiedene gibt. Die DNS kann man demnach auch als eine Kette von verschlüsselten Aminosäuren betrachten. Den Verschlüsselungscode für alle Aminosäuren finden Sie in Tabelle 3.

Mit vier Buchstaben kann man in einem Tripel wie CTG, GCC usw. genau $4^3 = 64$ verschiedene Informationseinheiten darstellen. Da aber nur 20 Aminosäuren zu verschlüsseln sind, stehen manche Tripel für das gleiche Molekül.

Wie kommen wir nun von den Aminosäuren zu den Proteinen? Jedes Protein ist durch eine bestimmte Folge von Aminosäuren definiert. Die Aminosäuren in der DNS wirken wie 20 Buchstaben. So, wie man mit Buchstaben einen Text schreiben und lesen kann, so kann die Zelle aus der Kette der Aminosäuren den Aufbau eines Proteins oder eines Enzyms ablesen.

Zum Beispiel besteht der Code für Insulin aus 51 Aminosäuren, für das Enzym Ribonuclease aus 124 Aminosäuren, alle in der Form einer Kette angeordnet.

Nehmen wir an, eine Leberzelle soll ein spezielles Enzym herstellen. Der Bauplan des Proteins ist innerhalb der DNS, die sich im Zellkern befindet, gespeichert. Irgendwo in der DNS-Kette existiert die entsprechende und gesuchte Protein-Verschlüsselung als Teil der Kette. Wo ist der Anfang und

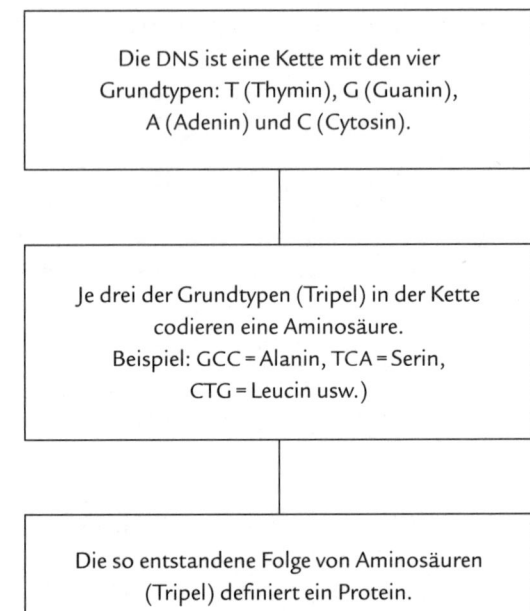

Abbildung 10: Verschlüsselung der Proteine

wo das Ende? Jede Protein-Verschlüsselung beginnt mit dem Anfangstripel ATG. Die Codierungen TGA, TAA und TAG markieren das Ende.

Auf diese Weise kann die Zelle den Teilstring ausfindig machen, den sie benötigt. Dabei wird eine exakte Kopie des betreffenden Teilstrings angefertigt. Diese als RNS bezeichnete Kopie wird in einen Teil der Zelle transportiert, das Ribosom. Das Ribosom, in jeder Zelle enthalten, ist vergleichbar mit einer kleinen Fabrik, die nach dem RNS-Plan das entsprechende Protein produziert. Das Ribosom setzt also die RNS in eine Kette von Aminosäuren um.

Tabelle 3: Die Verschlüsselung der Aminosäuren
(Beispiel: Prolin = CCA, Serin = TCA)

	T	C	A	G	3
	Phenylalanin	Serin	Tyrosin	Cystein	T
T	Phenylalanin	Serin	Tyrosin	Cystein	C
	Leucin	Serin	–	–	A
	Leucin	Serin	–	Thryptophan	G
	Leucin	Prolin	Histidin	Arginin	T
C	Leucin	Prolin	Histidin	Arginin	C
	Leucin	Prolin	Glutamin	Arginin	A
	Leucin	Prolin	Glutamin	Arginin	G
	Isoleucin	Threonin	Asparagin	Serin	T
A	Isuleucin	Threonin	Asparagin	Serin	C
	Isoleucin	Threonin	Lysin	Arginin	A
	–	Threonin	Lysin	Arginin	G
	Valin	Alanin	Aspartic Acid	Glycin	T
G	Valin	Alanin	Aspartic Acid	Glycin	C
	Valin	Alanin	Glutamid Acid	Glycin	A
	Valin	Alanin	Glutamid Acid	Glycin	G

Ausschnitt aus einer DNS:

AACGTCTTGATATCGGTAGCTTCGTTGAACACHTAC
THTACTGGATACGTAACGTGTACACTATACGTACACT
CATGTACCATGCAATATGTGT ...

Beim Menschen wäre diese Kette in der Größe der Abbildung etwa 7000 Kilometer lang.

4.3 Das Humangenomprojekt

Das Humangenomprojekt (HGP, englisch *Human Genome Project*) wurde 1990 als internationales Forschungsprojekt zur Entschlüsselung der menschlichen DNA gegründet. Die Abfolge der Moleküle (Basenpaare) der DNA sollte identifiziert werden. Zu Beginn nahmen 1000 Wissenschaftler aus 40 Ländern an dem Projekt teil. Ab Juni 1995 beteiligte sich auch Deutschland an den Forschungen. Parallel dazu arbeitete an der Sequenzierung des menschlichen Genoms die US-Firma *Celera*.

Im Jahre 2003 wurde die vollständige Sequenzierung der menschlichen Erbinformation, also der DNA, verkündet. Damit war die Genomsequenz aller drei Milliarden Bausteine bekannt, das Buch des Lebens als nackter Buchtext entdeckt.

Die Wissenschaft beginnt, die weit über 20 000 Gene aus der gigantischen digitalen Information herauszulesen. Es sind weniger Gene, als man vor dem Genomprojekt angenommen hatte. Dennoch sind die Dinge zugleich komplizierter als gedacht. Bisher glaubte man, dass 98 Prozent der DNA bedeutungslos sind und nur 2 Prozent wichtige Informationen enthalten. Jetzt wissen wir, dass auch dieser angebliche Genomschrott zu 80 bis 95 Prozent gar kein Schrott ist, sondern wichtige Information. Es gibt etwa 11 000 Pseudogene, Überbleibsel früherer Genverdoppelungen. Ging man bisher davon aus, dass die Pseudogene keine lebenswichtige Information beinhalten, so stellte sich heraus, dass zumindest 10 Prozent davon wichtige Funktionen erfüllen.

Die bisherige Bilanz lautet: Die Fragen, die bei der Entzifferung des Erbgutes aufgeworfen wurden, sind größer als die Antworten, die gefunden wurden. Es wird wohl noch einige Jahrzehnte dauern, bis das menschliche Genom voll verstanden wird.

5. Die ungeheure Anzahl der Moleküle

Wie beschrieben, sind die Wassermoleküle so klein, dass ein Tropfen eine ungeheure Zahl Moleküle beinhaltet. In diesem Abschnitt untersuchen wir die Größe der Moleküle von Gasen und kommen zu erstaunlichen Ergebnissen.

Der Italiener Amadeo Avogrado wurde 1796 mit zwanzig Jahren Doktor des kanonischen Rechts, studierte aber ab 1800 Mathematik und Physik. Er lehrte zunächst am Gymnasium Vercelli und wurde dann Professor für Mathematische Physik an der Universität Turin.

1811 veröffentlichte er seine berühmte Hypothese: *Verschiedene (ideale) Gase, die das gleiche Volumen, den gleichen Druck und die gleiche Temperatur besitzen, haben auch die gleiche Anzahl von Molekülen.*

Wiegen wir zum Beispiel in Gefäßen 22,4 Liter Wasserstoff ab und danach ebenfalls 22,4 Liter Helium, enthalten beide Gefäße die gleiche Anzahl von Molekülen. Wie viele Moleküle es genau sind, konnte Avogrado nicht angeben. Erst später fand man eine Formel zu ihrer Berechnung. Natürlich besitzen beide Gefäße verschiedene Gewichte, denn Wasserstoffmoleküle und Heliummoleküle sind nicht gleich schwer. Das Helium wiegt doppelt so viel wie der Wasserstoff. In der Tat wiegen 22,4 Liter Wasserstoff 2 Gramm und 22,4 Liter Helium 4 Gramm (Abb. 11).

Die Brisanz von Avogrados Arbeit wurde zunächst nicht erkannt. Erst 1860 wurde auf dem Chemiker-Kongress in Karlsruhe sein Gedanke aufgenommen, nachdem er von seinem Schüler Stanislao Cannizarro vorgetragen worden war.

Nach dieser Entdeckung versuchte man herauszufinden, wie viele Moleküle sich denn nun in einem Volumen (zum

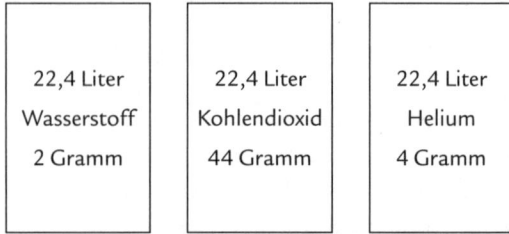

*Abbildung 11: Gleiche Volumina von verschiedenen Gasen haben zwar
verschiedene Gewichte, aber stets die gleiche Anzahl von Molekülen.*

Beispiel einem Kubikzentimeter) befinden. Dazu wäre es aus-
reichend, sich auf ein beliebiges Gas zu beschränken, da ja alle
Gase gleich viele Moleküle besitzen. Würde man also heraus-
finden, wie groß die Moleküle eines bestimmten Gases wie
zum Beispiel Luft sind, bräuchte man das Volumen nur durch
diese Molekülgröße zu dividieren.

Dies gelang erstmals dem österreichischen Physiker und
Chemiker Josef Loschmidt. Loschmidt (1821–1895) war Professor für Physikalische Chemie in Wien und veröffentlichte
1865 einen Aufsatz mit dem Titel «Zur Größe der Luftmoleküle». Er bestimmte auf gaskinetischer Grundlage den Mole-
küldurchmesser zu $s = 0{,}970$ nm (nm = Nanometer, siehe Abschn. I, 3.1), bemerkte aber dazu: «Dieser Werth ist freilich nur
als ungefähre Annäherung zu nehmen, er ist aber sicher nicht
um das Zehnfache zu gross oder zu klein.» Damit behielt er
Recht, denn der heute akzeptierte Wert liegt bei $s = 0{,}365$ nm.
Dividiert man nun das Volumen von einem Kubikzentimeter durch das Volumen eines Moleküls (wobei man davon
ausgehen muss, dass die Moleküle wegen der Wärmebewe-
gung nicht dicht an dicht liegen), erhält man den Wert
$2{,}6867 \cdot 10^{19} = 26\,867\,000\,000\,000\,000\,000$ Moleküle pro Kubikzentimeter.

Genauer:

> 1 Kubikzentimeter eines beliebigen Gases
> enthält bei 0 Grad Celsius und bei einem Druck
> von 1013,25 mbar $27 \cdot 10^{18}$ Moleküle.

Loschmidts Schüler und späterer Freund Ludwig Boltzmann benannte diese Zahl später als die Loschmidt-Konstante. Unter diesem Namen ist sie heute bekannt. Die österreichische Post gab 1995 Loschmidt zu Ehren eine Sondermarke heraus.

Um die ungeheure Zahl zu demonstrieren, stellen wir folgende Rechnung an: Vergrößert man die Luftmoleküle in einem Kubikzentimeter Luft auf ein Kubikmillimeter und nimmt an, dass sie alle dicht an dicht liegen, erhält man das Volumen

$$27 \cdot 10^{18} \text{ mm}^3 = 27 \cdot 10^9 \text{ m}^3$$

(da $1 \text{ m}^3 = 10^9 \text{ mm}^3$). Das sind $27\,000\,000\,000$ Kubikmeter «Superluft». Die Menge entspricht der Wassermenge in 30 Millionen Schwimmbädern normaler Größe.

Des Weiteren betrachten wir einen Liter Wasser und stellen uns vor, wir würden die einzelnen Moleküle irgendwie markieren. Sodann verteilen wir diese Menge gleichmäßig über alle Weltmeere und entnehmen danach an einer beliebigen Stelle – irgendwo im Pazifik oder in der Nordsee – einen Liter Meerwasser. Wie viele der ursprünglich markierten Moleküle befinden sich in dieser Probe? Wir vermuten, dass wegen der ungeheuren Größe der Weltmeere wohl kein Molekül unseres Originalliters in dieser Probe enthalten ist. Wenn ja, wäre es ein riesiger Zufall.

Das Ergebnis der Rechnung ist überraschend: In jedem Liter

der Weltmeere befinden sich ca. 12 000 markierte Moleküle
des Originalliters. Egal, ob im Pazifik, im Atlantik, in der
Nordsee oder in der Ostsee.

Die entsprechende Rechnung ist einfach: Verdampft man
einen Liter Wasser, erhält man etwa 1,4 Kubikmeter Wasserdampf. Mit der Loschmidt-Zahl können wir die Zahl der Moleküle berechnen und erhalten $3{,}8 \cdot 10^{25}$ Moleküle. Ein Liter Wasser enthält also $3{,}8 \cdot 10^{25}$ Wassermoleküle. Diese Zahl dividiere
man durch das geschätzte Wasservolumen (in Liter) der Weltmeere und man erhält die Zahl 12 000.

Ein letztes Beispiel:

Bei jedem Atemzug atmen wir bei ruhiger Atmung etwa
250 Milliliter Luft aus. Um zu demonstrieren, wie ungeheuer viele Luftmoleküle dies sind, vergrößern wir gedanklich die Moleküle auf Erbsengröße. Es entstehen dabei
700 000 000 000 000 Kubikmeter «Erbsen». Diese Menge ist so
groß, dass man damit ganz Deutschland bedecken könnte,
wobei die Höhe der Erbsenmenge eine Höhe von mehr als
einem Kilometer besäße. Das gilt für jeden Atemzug.

Wiederum die Rechnung: 250 Milliliter sind 250 Kubikzentimeter. Ein Kubikzentimeter enthält nach Loschmidt
$27 \cdot 10^{18}$ Moleküle, also beinhaltet der Atemzug $250 \cdot 27 \cdot 10^{18}$ Moleküle. Falls 10 Erbsen auf einen Kubikzentimeter
passen, erhalten wir $250 \cdot 27 \cdot 10^{17}$ cm^3 Volumen Erbsen. Die
Division durch die geschätzte Fläche Deutschlands von
$1000 \text{ km} \cdot 500 \text{ km} = 5 \cdot 10^{15}$ Quadratzentimeter ergibt die oben
angegebene Höhe von 1350 Metern.

6. Atome

6.1 Das Atommodell von Thomson und Rutherford

Moleküle bestehen aus Atomen, zum Beispiel Wasser aus Wasserstoff und Sauerstoff. Woraus aber bestehen Atome?

1897 konnte der britische Physiker Joseph John Thomson die Existenz von Elektronen nachweisen. Dies folgerte er aus der Beobachtung der Ablenkung von Kathodenstrahlen im Magnetfeld. Thomson vermutete, dass die Atome der Kathode Elektronen enthalten. Nach dem «Thomson'schen Atommodell» sind im Inneren der Atome sehr kleine Elektronen eingebettet, wie Rosinen in einem Kuchenteig («Rosinenkuchen-Modell»). 1906 konnte Thomson nachweisen, dass Wasserstoffatome nur ein Elektron enthalten. Aufgrund dieser Entdeckungen und anderer Leistungen erhielt er 1906 den Nobelpreis.

Wie sind die Elektronen im Atom verteilt? Der neuseeländische Physiker Ernest Rutherford versuchte den inneren Aufbau des Atoms zu klären. Dazu erfand er 1911 ein raffiniertes Experiment: Er benutzte eine dünne Folie aus Gold, Silber und Kupfer und beschoss diese mit einem Strahl winziger Teilchen (Alphateilchen). Hinter der Folie befand sich ein Leuchtschirm, der die Alphateilchen sichtbar machte, wenn sie dort auftrafen. Falls die Atome feste Strukturen wie Billardkugeln besäßen, müssten die Alphateilchen zum größten Teil abprallen wie Tennisbälle an einer Wand. Zu seiner Überraschung stellte er aber fest, dass der Strahl von Alphateilchen fast ungehindert gradlinig durch die Folie hindurchtrat. Nur wenige Teilchen wurden abgelenkt und trafen in verschiedenen Punkten auf dem Leuchtschirm auf. Dies konnte nur bedeuten, dass Atome zum größten Teil leeren Raum enthalten.

Aus dieser Art der Ablenkung einiger Alphateilchen, teilweise bis zu 90 Grad, schloss Rutherford, dass der Radius des ablenkenden Zentrums (Atomkern) höchstens 10^{-12} Zentimeter betragen durfte. Zudem muss er fast die gesamte Atommasse in sich vereinigen, sonst wäre die Ablenkung nicht so stark gewesen. Diese war schließlich so geartet, dass der Kern elektrisch positiv geladen sein musste. Da die Ladung des Gesamtatoms neutral ist, folgerte er, dass fast masselose Elektronen den Kern umkreisen. Das Rutherford'sche Atommodell besteht also aus einem kleinen Atomkern, um den Elektronen kreisen. Es ist strukturiert wie das Planetenmodell, bei dem Planeten sich um die Sonne bewegen. Der Kern hat einen Radius, der kleiner ist als 10^{-4} Ångström (vgl. Abschn. I, 3.1), und ist elektrisch positiv geladen. Fast die gesamte Atommasse vereinigt sich im Atomkern.

Dies waren für die damalige Zeit völlig neue Vorstellungen. Bei genauerer Untersuchung stellte sich aber heraus, dass das Rutherford'sche Atommodell einige schwerwiegende Widersprüche beinhaltete. Nach den herkömmlichen Vorstellungen der Physik müsste nämlich ein kreisendes Elektron elektromagnetische Strahlung absondern. Dies aber war im Modell von Rutherford nicht vorgesehen.

Der zweite Widerspruch: Atome können zwar Strahlung aussenden, aber nur in bestimmten Frequenzen (diskretes Spektrum). Das Elektron des Rutherford-Modells müsste aber ein kontinuierliches Spektrum (d. h. alle Frequenzen) aussenden, was aber nicht beobachtet werden kann.

Das Rutherford-Modell basierte ausschließlich auf den Prinzipien der klassischen Mechanik und Elektrodynamik. Es gelang nicht, durch streng mathematische Überlegungen die Widersprüche zu beseitigen. Niels Bohr war es schließlich, der 1913 das Rutherford'sche Atommodell mit revolutionär neuen

Methoden ergänzte, um obige Widersprüche auszuräumen. Zu Hilfe kam ihm das Wissen um die zuvor von Max Planck entdeckte Energiequantelung. Er formulierte ein Postulat, das erst später durch die Quantenmechanik bewiesen werden konnte. Im Folgenden werden wir uns mit dem Bohr'schen Atommodell beschäftigen.

6.2 Das Bohr'sche Atommodell

Sportstadien sind so angelegt, dass die Laufbahn um das Spielfeld herum einen 400-Meter-Lauf in einer Umrundung ermöglicht. Wir stellen uns einen Kreis vor, dessen Umfang U genau 5 Kilometer lang ist. Nach der bekannten Formel $U = 2r\pi$ (r = Kreisradius) erhalten wir für den zugehörigen Radius r den Wert 796 Meter. Nunmehr zeichnen wir einen zweiten Kreis um den gleichen Mittelpunkt mit der Umlaufbahn 6 Kilometer. Der zugehörige Radius beträgt jetzt 955 Meter. Natürlich können wir dieses Spiel fortsetzen und Kreise mit 7 oder 8 oder 9 Kilometer Umlaufbahn erstellen. Jede Bahn soll n Kilometer lang sein, wobei n eine ganze Zahl wie 1, 2, 3 ... ist.

Ähnlich ist die Situation im Inneren eines Atoms. Folgender Aufbau ergibt sich hier: Elektronen umrunden einen festen Atomkern so wie die Planeten die Sonne. Dies ist das klassische Bild, wie es Niels Bohr 1913 vorfand. Er erweiterte das Modell und stellte die These auf, dass die Elektronen nur ausgezeichnete Bahnen durchlaufen können. Der Grund: Elektronen können als Wellenbewegung aufgefasst werden. So wie in unserem Beispiel die Länge einer Kreisbahn nur ganzzahlige Kilometer lang sein sollte, so müssen die Elektronenbahnen so ausgelegt sein, dass die Wellenbewegung nach einer Umrundung an die folgende anschließt. Das heißt, die Kreisbahn ist ein Vielfaches der Wellenlänge (eine ganzzahlige Länge der

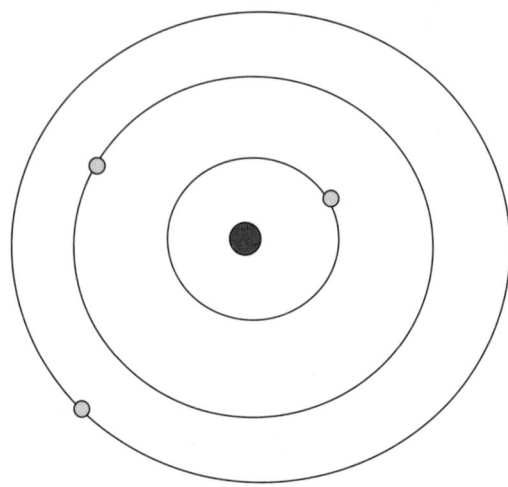

Abbildung 12: Klassisches Atommodell: Elektronen (hell)
umkreisen auf ausgezeichneten Bahnen den Atomkern (dunkel).

Welle). Sie hat die Länge $n \cdot \lambda$, wobei λ die Wellenlänge und n eine ganze Zahl ist. Andernfalls würden nach einer Umrundung die Elektronenwellen nicht ineinander übergehen, und die Bahn wäre instabil. Im vorliegenden Fall eines Übergangs sprechen die Physiker von einer stehenden Welle. Es verhält sich wie bei einer schwingenden Saite. Auch hier sind nur bestimmte Frequenzen möglich, die von der Wellenlänge abhängen. Schon Pythagoras sah in den Harmonien der schwingenden Saite die wesentlichen Eigenschaften des Aufbaus der Welt.

Jede mögliche Kreisbahn entspricht genau einer bestimmten Energie des Elektrons. Diese Bahnen werden von den Elektronen durchlaufen, ohne dass sie Energie abstrahlen.

In Wirklichkeit ist die Situation etwas komplizierter. Die Quantentheorie (siehe Kap. 7) zeigte, dass das Modell der Elektronen, die wie Planeten um den Kern kreisen, das Atom zwar

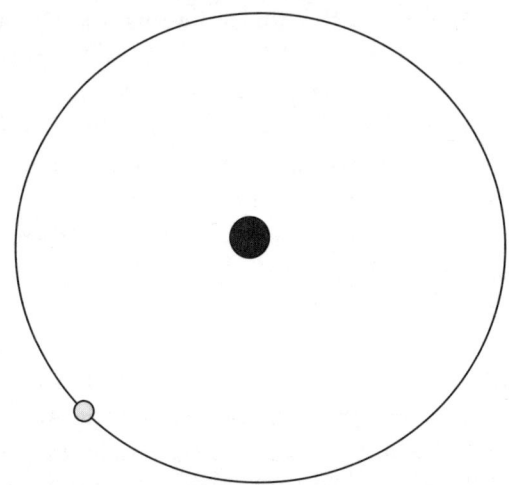

Abbildung 13: Klassisches Bild des Wasserstoffatoms: Ein Elektron (hell) umkreist den Kern (Proton, dunkel) auf einer Kreisbahn.

gut beschreibt, aber die Elektronen als Wellen und nicht als Teilchen zu betrachten sind und wir nur Aufenthaltswahrscheinlichkeiten angeben können. Wir kommen in Kapitel 7 darauf zurück.

Die Quantentheorie zeigt zudem, dass die Energie eines Elektrons umso höher ist, je kleiner die Wellenlänge ist. Würde man also dem umkreisenden Elektron Energie (z.B. in Form von Licht) zuführen, würde sich seine Wellenlänge entsprechend verkleinern. Zu der neuen Wellenlänge passt jetzt eine andere der Kreisbahnen, das Elektron wechselt daher in eine andere, höherenergetische Bahn über. Übertrifft die Energie einen kritischen Wert, löst sich das Elektron vom Atomkern – diesen Vorgang bezeichnen die Physiker als Ionisation.

Das genau Umgekehrte geschieht, wenn das Elektron in eine niedrigere Bahn wechselt. Es sendet die überschüssige Energie (meist in Form von Licht) aus und wechselt auf ein tieferes Energieniveau näher zum Kern hin. Da es nur bestimmte Kreisbahnen gibt, hat jedes chemische Element auch seine spezifischen Lichtfrequenzen, die es aussenden kann. Die Chemiker sprechen vom Spektrum des Elements. Der Erste, der das Spektrum des Wasserstoffatoms in einer geschlossenen Formel angeben konnte, war 1885 der Schweizer Mathematiklehrer Johann Jakob Balmer.

Planeten werden beim Umlauf um die Sonne durch die Anziehungskraft der Sonne in ihrer Bahn gehalten. Was entspricht der Gravitation auf der Ebene der Elektronen bei deren Umlauf um den Atomkern? Es ist die elektrische Anziehungskraft unterschiedlicher vorherrschender Ladungen: Elektronen sind elektrisch negativ geladen, während sich im Atomkern positiv geladene Protonen finden. Umkreisen mehrere Elektronen den Atomkern, befinden sich auch mehrere Protonen im Kern.

Bei einem Wasserstoffatom umkreist ein einsames Elektron den Atomkern, der also aus einem Proton besteht (Abb. 13). Damit zwei Elektronen auf ihren Bahnen gehalten werden, benötigen wir jetzt zwei Protonen. Da Protonen die gleiche elektrische Ladung haben, müssten sie sich abstoßen, der Kern sollte also platzen. Dass dies nicht geschieht, hat zwei Gründe: Zum einen befinden sich jetzt im Kern zusätzlich zwei Neutronen, die keine elektrische Ladung besitzen. Sie mildern die Abstoßung der Protonen. Hinzu kommt eine sehr kurz greifende Kraft, die starke Kernkraft (oder auch starke Wechselwirkung), die den Kern zusammenhält. Sie wirkt nur auf sehr kurzer Distanz, etwa 10^{-15} Meter.

Demnach wäre ein Atom mit zwei umkreisenden Elektronen und einem Kern mit zwei Protonen und zwei Neutronen stabil. Es handelt sich um ein Heliumatom.

Die Zahl der Protonen bestimmt daher die Art des Atoms: Während ein Wasserstoffatom nur ein Proton, ein Heliumatom zwei Protonen besitzt, ist es Lithium, das drei, und Beryllium, das vier Protonen enthält. Kohlenstoff besitzt sechs Protonen, Nickel 28 und Gold 79 usw. Im Kern befindet sich natürlich die passende Zahl der Protonen und Neutronen, damit das Atom stabil ist. Der Kern wird umkreist von einer passenden Anzahl von Elektronen.

6.3 Die Größe der Atome

Wie groß ist ein Atom? Würden wir uns die Atome als kleine Kügelchen vorstellen, könnten wir einen Radius angeben. Allerdings ist die Frage nach der Größe der Atome problematisch. Letztlich wird der Atomradius durch die Reichweite von Kraftwirkungen (Elektronenbahnen) festgelegt. Falls man einen Atomradius als sinnvoll betrachtet, kann man ihn höchstens abschätzen.

Es gibt verschiedene Methoden, um den Radius eines Atoms abzuschätzen. Diese Schätzungen liefern die Werte

$$R = 0{,}8 \cdot 10^{-8} \text{ cm bis } 3 \cdot 10^{-8} \text{ cm.}$$

Wir versuchen, die Größenordnungen der Atome zu verstehen. Dazu betrachten wir ein Wasserstoffatom, also ein Atom mit nur einem Elektron. Das Elektron umkreist den Kern (im Grundzustand) im Abstand R.

Wir wählen $R = 10^{-8}$ cm.

Wir passen die Größe in Gedanken an die Maßstäbe unserer Meter-Minuten-Welt an:

Wir wählen die Vergrößerung dabei so, dass der Kern etwa die Größe eines Fußballs erreicht. Dazu müssen wir alle Maßstäbe auf das 10^{13}-Fache anheben, also die Relation

$$1:10\,000\,000\,000\,000,$$

also

$$1:10\,\text{Billionen}$$

wählen. Diese Vergrößerung ist so immens, dass die Dicke eines Haares von 0,05 Millimeter auf 500 000 Kilometer vergrößert werden würde. Was geschieht bei dieser Vergrößerung mit unserem Wasserstoffatom?

Bei der Vergrößerung von 1 : 10 Billionen vergrößert sich der Atomkern eines Wasserstoffatoms auf Fußballgröße. Um diesen «Fußball» kreist im Abstand von einem Kilometer ein einsames Elektron. Dieses legt bei jeder Umrundung des Kerns eine Strecke von 6 Kilometern zurück.

Wir können daraus schließen, dass der Raum im Grunde leer ist. Würden wir zum Beispiel die gesamte Tagesproduktion an Eisen in Europa auf Atomkerne zusammenpressen, so dass kein leerer Raum bleibt, würde sie bequem in eine Streichholzschachtel passen. Unser Körper besteht zu über 99,99 Prozent aus leerem Raum.

7. Die Welt der Quantenphysik

7.1 Schrödinger und die Materiewellen

1905 erklärte Albert Einstein, Licht bestehe aus kleinen Partikeln, den Photonen. Dies hatte zwar 300 Jahre zuvor bereits Isaac Newton behauptet, aber zu Beginn des 19. Jahrhunderts hatte Thomas Young zweifelsfrei bewiesen, dass Licht Wellencharakter hat, also aus Wellen besteht. Es ist daher verständlich, dass viele Physiker nicht bereit waren, die Photonenhypothese Einsteins zu akzeptieren. Wellen und Teilchen gleichzeitig? Das schien unmöglich zu sein. Als Einstein 1913 in die Preußische Akademie der Wissenschaften aufgenommen werden sollte, schrieb Max Planck in einem Gutachten: «Wenn Albert Einstein in seiner Photonenhypothese auch mal über das Ziel hinausgeschossen ist, so möge man ihm das nicht zu sehr ankreiden ...» Erst langsam und unter dem Eindruck von Experimenten, deren Ergebnisse nur durch eine Teilcheneigenschaft erklärt werden konnten, setzte sich Einsteins Theorie durch. Als er 1921 den Nobelpreis für seine Photonenhypothese erhielt, war seine Theorie anerkannt.

Die Physiker gewöhnten sich daran, dass man Licht sowohl mit Wellen als auch durch Teilchen erklären kann (Dualität des Lichts). Eine übergeordnete Erklärung für diesen scheinbaren Widerspruch fand man nicht.

1924 erfolgte der nächste Schritt, der zunächst die Physiker verunsicherte und von vielen als absurd bezeichnet wurde. Der französische Physiker Louis de Broglie, ein Graf mit dem vollen Namen Louis-Victor Pierre Raymond Duc de Broglie, behauptete in seiner Doktorarbeit, dass nicht nur Licht aus Teilchen und Wellen besteht, sondern auch Elektronen Wellencharakter hätten. Eine kühne These, wurde sie doch durch keinerlei Experimente gerechtfertigt. Die Universität in Paris zögerte, ob sie die Doktorarbeit annehmen sollte, und konsultierte Albert Einstein. Dieser meinte, die These sei zwar verrückt, aber in sich logisch. Max Planck erklärte demgegenüber, dass die jungen Leute wie de Broglie die Dinge viel zu leicht nähmen. Die Doktorarbeit wurde trotzdem angenommen.

1927 dann wurde die These von de Broglie tatsächlich durch Experimente gesichert. Die beiden amerikanischen Physiker Clinton Davisson und Lester Germer der Bell-Laboratorien konnten nachweisen, dass ein Elektronenstrahl sich wie Wellen verhält. De Broglie erhielt daraufhin 1929 den Nobelpreis für Physik. Später fand man heraus, dass auch andere atomare Teilchen Wellencharakter haben.

Die Konsequenz war klar: Materie kann sich wie Teilchen und wie Wellen verhalten. Fasziniert von den Materiewellen beschaffte sich der Züricher Physikprofessor Erwin Schrödinger die Doktorarbeit de Broglies und versuchte, diese mathematisch zu beschreiben. Die Mathematiker kannten schon seit Jahrzehnten eine Differentialgleichung, die Wellenbewegungen wie Wasserwellen oder Schallwellen elegant beschreibt, bekannt als «Wellengleichung». Wenn Materie Wellenbewegung ist, dann müssten diese Wellen ebenfalls durch die Wellengleichung beschrieben werden können. Schrödinger machte sich also daran, die Wellengleichung so zu modifizieren, dass sie Materiewellen beschrieb. Er entwickelte die bekannte «Schrödinger-Gleichung», die eine der zentralen Gleichungen der Quantenphysik werden sollte. Allerdings hatte diese Gleichung einen Schönheitsfehler: Die Lösung, die die Materiewellen darstellen sollte, war komplex. Das bedeutet, dass in der Lösung komplexe Zahlen eine Rolle spielten (vgl. Anhang A1), also Zahlen, deren Wurzel aus einer negativen Zahl besteht. Da eine solche Wurzel wie zum Beispiel $\sqrt{-4}$ reell nicht existiert, war die Bedeutung der Lösung der Schrödinger-Gleichung völlig unklar. Andererseits konnte Schrödinger zeigen, dass nicht wenige Probleme der Atomphysik durch seine Gleichung befriedigend gelöst werden konnten. Vor Schrödinger hatte bereits Werner Heisenberg ein anderes Berechnungsverfahren (über Matrizen) vorgeschlagen. Beide Verfahren zeigten sich gleichwertig und geeignet zur Berechnung von Materiewellen.

Schrödinger erhielt daher 1933 den Nobelpreis und wurde Nachfolger von Max Planck in Berlin.

Einen Ausweg aus dem Dilemma der komplexen Lösung zeigte der Göttinger Physikprofessor Max Born. Er hatte Heisenberg bei der Entwicklung der Alternativrechnung assistiert und bildete aus der komplexwertigen Lösung der Schrödinger-Gleichung den Betrag der komplexen Zahlen. Der Betrag ist eine positive reelle Zahl, der für jede komplexe Zahl leicht berechnet werden kann (vgl. Anhang A2). Aus früheren Experimenten mit Elektronen wusste er, dass Beträge in diesem Sinne die Häufigkeit auftretender Elektronen darstellen und damit deren Wahrscheinlichkeit. Born schlug also vor, den Betrag der Lösung der Schrödinger-Gleichung zu bilden und diesen Betrag als Maß für die Wahrscheinlichkeit des Auftretens von Materiewellen anzusehen. (Genau genommen, ist das Quadrat des Betrages die Wahrscheinlichkeit.)

Ein Beispiel mag den Sachverhalt veranschaulichen: Ein Elektron werde von einer punktförmigen Quelle ausgesandt. Vom Ursprung aus bildet sich eine Welle, die in alle Richtungen geht. Man berechne mit der Schrödinger-Gleichung eine komplexwertige Lösung und bilde von dieser den (quadrierten) Betrag. Dieser gibt nun für jeden Punkt in der Umgebung der Quelle an, wie hoch die Wahrscheinlichkeit ist, dass sich das Elektron genau hier befindet.

Die Interpretation der komplexen Lösung der Schrödinger-Gleichung ist bis heute nicht eindeutig geklärt. Über 80 Jahre nach der Entwicklung der Quantentheorie herrscht immer noch keine Einigkeit über die Deutung und Interpretation der Aussagen der Quantenphysik, während der mathematische Formalismus unbestritten ist. Wie kann es sein, dass das Elek-

tron sich wie eine Welle ausbreitet, beim Messen sich aber als
Teilchen darstellt mit einer genauen Position? Mehrere Deutungen wurden angeboten. Eine davon schlug der Mathematiker John von Neumann 1932 vor. Er postulierte, dass während
eines Messvorgangs die Welle kollabiert und auf nichtdetermi-
nistische Weise auf einen Punkt (den Messpunkt) zusammen-
fällt. Diese so gemessene Position des Teilchens stellt sich ge-
mäß der von der Schrödinger-Gleichung angegebenen Wahrscheinlichkeit ein. Diese Interpretation wurde als «Kollaps der
Wellenfunktion» bekannt. Es gibt andere Deutungen, auf die
hier aber nicht näher eingegangen werden kann.

7.2 Die Heisenberg'sche Unschärferelation

Rutherford entdeckte durch geeignete Experimente, dass
Atome Unterstrukturen besitzen: Atomkern und Elektronen
(vgl. Kap. 6). Werner Heisenberg dachte in den zwanziger Jahren des letzten Jahrhunderts darüber nach, wie weit man durch
solche Experimente in die Atomstrukturen und in den Mikrokosmos eindringen kann, wie weit also die Messbarkeit im
Mikrokosmos möglich ist. Er fand heraus, dass es eine untere
Grenze der Messbarkeit gibt, und drückte dies in seiner berühmten Unschärferelation aus.

Zur Verdeutlichung betrachten wir folgendes Beispiel: Ein
winziges Teilchen (z. B. ein Elementarteilchen) soll vermessen
werden. Seine Lage (d. h. seine Position) und seine Geschwindigkeit sind gesucht. Wir könnten Licht auf das Teilchen werfen
und beobachten, wie und ob Lichtstrahlen reflektiert werden,
um daraus Rückschlüsse zu ziehen. Licht besteht aus Photonen, also ebenfalls kleinsten Teilchen. Diese übertragen Energie auf das zu messende Teilchen und verfälschen daher seine
Lage und Geschwindigkeit. Die Messung wird ungenau. Es

wäre so, als würden wir einen Luftballon mit Tennisbällen bewerfen und seine Flugrichtung und Lage verändern.

Heisenberg zeigte, dass es unmöglich ist, Position und Geschwindigkeit im Mikrobereich aus den oben erwähnten Gründen exakt zu ermitteln. Entweder erfasst man die Position eines Elementarteilchens sehr genau, dafür aber die Geschwindigkeit nur ungenau, oder umgekehrt. Es gibt also eine untere Grenze des Messens, die man nicht unterschreiten kann.

Es gelang ihm, diese untere Grenze in eine Formel zu packen. Statt der Geschwindigkeit wählte er den Impuls, das ist die Geschwindigkeit multipliziert mit der Masse des zu messenden Teilchens. Sollen die Lage (der Ort) x des Teilchens und sein Impuls p gemessen werden, erhält man keine genauen Werte, sondern Werte, die mit einer Ungenauigkeit (Unschärfe) versehen sind. Bezeichnen wir die Unschärfe für den Ort x mit Δx und die Unschärfe für den Impuls p mit Δp, gilt:

$$\Delta x \cdot \Delta p = h,$$

wobei h eine feste Zahl ist (h = $6{,}624 \cdot 10^{-34}$ Js, das Planck'sche Wirkungsquantum, genau genommen steht dort h/4π). Wie man sieht, verkleinert sich Δx sehr, wenn Δp sich vergrößert, und umgekehrt.

Diese Gleichung ist die berühmte Heisenberg'sche Unschärferelation. Sie stellt auf der Reise in den Mikrokosmos eine untere Grenze des Messbaren dar. Unterhalb dieser Grenze verhält sich die Natur völlig anders, wie wir noch sehen werden.

Wenn die Unschärfe Δx für die Position eines Teilchens und Δp die des Impulses also beide so klein sind, dass $\Delta x \cdot \Delta p$ kleiner als h ist, befinden wir uns unterhalb der Unschärferelation von Heisenberg. Es ist uns also nicht mehr möglich, durch

exakte Messungen herauszufinden, ob hier dieselben Naturgesetze gelten wie im Makrokosmos.

Prinzipiell gibt es zwei Möglichkeiten: Entweder gelten dort
die gleichen Naturgesetze wie in unserer bekannten Welt, doch
können wir es nicht nachprüfen. Da unsere Welt physikalisch
durch Variablen (z. B. Länge, Zeit, Energie) determiniert ist,
müsste es sich analog im Mikroland verhalten, nur können wir
diese Variablen eben nicht beobachten. Man spricht von verborgenen Variablen.

Die zweite Möglichkeit wäre die, dass im Mikroland völlig
andere Naturgesetze gelten: Gesetze, die uns fremd sind und
die wir aus unserer Erfahrung heraus nicht erklären und nicht
verstehen können. Vieles weist darauf hin.

In einem Gespräch mit Werner Heisenberg im Jahr 1923 erklärte Niels Bohr die Situation der Wissenschaftler bei der Er-
forschung des Mikrokosmos so:

«Wir sind gewissermaßen in der Lage eines Seefahrers, der
in ein fernes Land verschlagen ist, in dem nicht nur die Lebens-
bedingungen ganz andere sind, als er sie aus seiner Heimat
kennt, sondern in dem auch die Sprache der dort lebenden
Menschen ihm völlig fremd ist. Er ist auf Verständigung angewiesen, aber er besitzt keinerlei Mittel zur Verständigung. In
einer solchen Lage kann eine Theorie überhaupt nicht ‹erklären› in dem Sinne, wie das sonst in der Wissenschaft üblich
ist. Es handelt sich darum, Zusammenhänge aufzuzeigen und
sich behutsam voranzutasten.»

Heisenberg, Bohr und andere waren davon überzeugt, dass
in dem neu entdeckten Land ganz andere Gesetze gelten als
in unserer Welt. Albert Einstein war anderer Ansicht. Für ihn
galten im Mikrokosmos dieselben Gesetze wie im Makrokosmos, nur konnte man sie im ersteren nicht messtechnisch er-

fassen. Er glaubte an die verborgenen Variablen. 1944 schrieb er an den Quantenphysiker und Physikprofessor Max Born: «Du glaubst an den würfelnden Gott und ich an die volle Gesetzlichkeit in einer Welt von etwas objektiv Seiendem, das ich auf wild spekulativem Wege zu erhaschen suche.»

Zwei mögliche verschiedene Realitäten zeichneten sich ab: zum einen eine nicht bekannte Realität mit teilweise anderen Naturgesetzen und zum anderen eine Realität, die exakt unseren Naturgesetzen mit verborgenen Variablen entspricht. Heisenberg und Bohr vertraten die erste Ansicht, Einstein und seine Anhänger die zweite. Immer wieder versuchten Vertreter einer Gruppe, die Vertreter der anderen zu überzeugen, indem sie raffinierte Gedankenkonstruktionen entwarfen, die die Richtigkeit ihrer Ansicht beweisen sollten, und stets gelang es der anderen Gruppe, diese «Beweise» zu widerlegen.

So behaupteten die Anhänger einer unbekannten Realität unterhalb der Unschärferelation, dass es Elementarteilchen gebe, die verschränkt seien. Das bedeutet, dass diese Teilchen, die irgendwann einmal zusammen waren, sich gegenseitig beeinflussen, selbst wenn sie Lichtjahre voneinander entfernt sind. Albert Einstein bezeichnete das angebliche Verhalten verschränkter Teilchen als «spukhaft».

Im Jahre 1982 gelang es dem französischen Physiker Alain Aspect in Paris in einem Experiment, diese Fernwirkung nachzuweisen. Später wurden ähnliche Versuche von anderen Forschergruppen durchgeführt. Alle bestätigten, dass die unbekannte Realität im Mikrokosmos real war und Einstein Unrecht hatte. Es herrscht also unterhalb der Unschärferelation eine Realität mit Naturgesetzen, die anders sind als die, die wir in unserer Meter-Minuten-Welt kennen. Es sind die Gesetze der Quantenphysik.

«Es gab eine Zeit, in der Zeitungen sagten, nur 12 Menschen verstünden die Relativitätstheorie. Ich glaube nicht, dass es jemals eine solche Zeit gab. Auf der anderen Seite denke ich, es ist sicher zu sagen, niemand versteht die Quantenmechanik.» Dies äußerte der Quantenphysiker Richard P. Feynman, der 1965 für seine Arbeiten auf dem Gebiet der Quantenelektrodynamik den Nobelpreis erhielt. Feynman war für seine Unkonventionalität und seinen Humor bekannt und versuchte einem breiten Publikum die Quantenmechanik spielerisch nahezubringen. (So auch in einem Buch mit dem Titel *Sie belieben wohl zu scherzen, Mr. Feynman.*)

7.3 Die Gesetze der Quantenphysik

In der Tat sind die Aussagen der Quantenphysik so verrückt, dass sie sich kaum einordnen lassen. So gibt es Elementarteilchen, die Lichtjahre voneinander entfernt sind und doch voneinander «wissen». Alphateilchen können ihren Aufenthaltsbereich verlassen, obwohl nach Gesetzen der klassischen Physik dieses gar nicht möglich ist. Winzige Teilchen nehmen ihre Position erst ein, wenn sie gemessen werden. Während in unserer erfahrbaren Welt alles kontinuierlich und stetig abläuft, ist diese Stetigkeit in der Quantenwelt aufgehoben. Im Folgenden werden wir uns diesen Sachverhalten im Einzelnen zuwenden.

Quantensprünge

Wenn Sie sich einen Film im Kino ansehen, erleben Sie eine kontinuierlich ablaufende Handlung. Wenn zum Beispiel ein Kind einen Ball in die Luft wirft, fliegt der Ball für unsere Wahrnehmung stetig in einer Bahnkurve, das heißt, er macht keine Sprünge. Ein Blick auf den Bildstreifen verrät aber seine Zusammensetzung aus einer (sprunghaften) Bilderfolge.

Die von uns beobachtete Welt scheint stetig zu sein, Sprünge im Bewegungsablauf sind nicht vorgesehen. Bis 1900 war es für die Physiker selbstverständlich, dass die Welt stetig und kontinuierlich abläuft. Wenn ein Läufer seine Geschwindigkeit vergrößert, so geschieht das nicht sprungweise, sondern ganz allmählich. Leibniz hatte bereits 1704 festgestellt: «Die Natur macht keine Sprünge.»

Max Planck war es, der in einem 1900 gehaltenen Vortrag erstmals behauptete, dass im Mikrokosmos Energie nur in Quanten auftritt. Das bedeutet: Wenn ein Elektron seine Energie vergrößert, geschieht das in Sprüngen.

Planck löste mit dieser Annahme ein durch die klassische Physik nicht erklärbares Phänomen, welches als «Ultraviolett-Katastrophe» in die Physikgeschichte einging. Er fand eine Formel, die die Energie von emittierter Strahlung exakt darstellte. Es war eine glücklich erratene Interpolationsformel. Sie hatte allerdings einen Schönheitsfehler: Die Energie war gequantelt, was in der Konsequenz bedeutete: Würde man die Energie eines Elektrons vergrößern, wäre das nur in Sprüngen möglich. Die Unstetigkeit war damit in die Physik des Mikrokosmos eingeführt.

Max Planck war es unangenehm, ein Problem dadurch gelöst zu haben, dass er eine Grundfeste der Physik sprengte: die Stetigkeit. So erklärte er, dass seine Formel nur ein Notbehelf sei; sicher werde man irgendwann eine bessere Formel finden, die die Stetigkeit wiederherstellt. Allerdings wurde diese Formel nie gefunden. Plancks Vortrag war die Geburtsstunde der Quantenmechanik. Es zeichnete sich ab, dass die Nichtstetigkeit eine Eigenschaft des Mikrokosmos ist.

Die Energie einer Strahlung kann nur portionsweise abgestrahlt oder absorbiert werden – in einzelnen Quanten. So besitzt ein Quant des roten Lichts mit 700 Nanometer Wellenlänge die Energie $2,8 \cdot 10^{-19}$ Joule. Dies ist die kleinste Energiemenge, die bei dieser Frequenz abgestrahlt werden kann. Kleinere Energiemengen sind nicht möglich.

Viele Physiker waren zunächst nicht bereit, liebgewordene Vorstellungen wie die Stetigkeit in der Natur aufzugeben. Max Planck formulierte einige Jahre später folgenden bemerkenswerten Gedanken: «Eine neue wissenschaftliche Wahrheit pflegt sich nicht in der Weise durchzusetzen, dass ihre Gegner überzeugt werden und sich als belehrt erklären, sondern vielmehr dadurch, dass die Gegner allmählich aussterben, und dass die heranwachsende Generation von vornherein mit der Wahrheit vertraut gemacht wird.»

Unstetige Vorgänge spielen sich zum Beispiel in den Atomen ab. In Kapitel 6 sahen wir, dass die Elektronen um den Atomkern kreisen. Führt man einem Elektron Energie zu, geht es – wie beschrieben – in eine höhere Bahn über. Dieser Übergang geschieht nicht stetig, sondern plötzlich in einem Sprung.

Messungen

Wir sahen bereits, dass eine exakte Messung im klassischen Sinne im Mikrokosmos nicht möglich ist. Wenn wir trotzdem einen Wert zu messen versuchen, erhalten wir natürlich ein Ergebnis, aber dieses Ergebnis ist abhängig von dem, was gemessen werden soll, von der Versuchsanordnung und von der Art, wie der Messende die Messung durchführt. Was genau besagt der so gemessene Wert, wie ist er zu interpretieren?

Wie wir oben sahen, gibt es im Mikrokosmos nicht die verborgenen Variablen, an die Albert Einstein glaubte. Es ist eine andere Realität, die sich unseren Vorstellungen entzieht. Wenn wir einen Wert – zum Beispiel die Polarisation eines Photons – messen, nimmt das Photon erst bei der Messung den Wert an, den dann die Messung anzeigt. Vor der Messung, etwa bei der Entstehung des Photons, steht der Messwert noch gar nicht fest, er bildet sich erst bei der Messung. So konnte Werner Heisenberg 1927 schreiben: «Eine Elektronenbahn entsteht erst dadurch, dass wir sie beobachten.» Vorher sind alle Werte unbestimmt, es existiert lediglich eine Wahrscheinlichkeit für mögliche Messwerte.

7.4 Spukhafte Fernwirkung

Nehmen wir an, Sie sitzen in München an einem Tisch und haben eine gewöhnliche Münze vor sich. Zur selben Zeit befindet sich in New York in einem Raum ebenfalls ein Tisch mit einer Münze vom gleichen Typ. Dieser Raum ist menschenleer.

Sie werfen in München die Münze und es fällt «Zahl». Gleichzeitig bewegt sich wie von Geisterhand die Münze in New York und liefert den rückseitigen Wert, nämlich «Kopf». Wenn Sie anschließend in München «Kopf» werfen, liefert die New Yorker Münze «Zahl». In New York fällt bei jedem Wurf das Gegenstück zum Münchner Ergebnis. Die Münzen agieren wie Zwillinge. Anscheinend «weiß» die Münze in New York, was ihr Zwilling in München liefert, und stellt den ergänzenden Wert ein.

«So etwas gibt es nicht», werden Sie sagen, und Sie haben natürlich Recht.

Das gibt es zwar nicht in der von uns erfahrbaren Welt, aber in der Welt des Mikrokosmos durchaus. Die beiden Münzen – in diesem Falle sind es Photonen – dürfen dabei sogar Lichtjahre voneinander entfernt sein. Diese verschränkten Photonen lassen sich beispielsweise in einem Kristall erzeugen. Ein Kristall kann ein Photon emittieren, das sich in zwei Photonen aufspaltet, die in verschiedene Richtungen davonfliegen. Dennoch sind die beiden Photonen nicht unabhängig voneinander. Der Grund: Sie besitzen eine gemeinsame Wellenfunktion, die ihr zukünftiges Verhalten bestimmt (siehe Abschn. 7.1).

Was hier geschieht, bedarf der genaueren Erläuterung: Lichtteilchen besitzen eine bestimmte Schwingungsebene, die Polarisation. Diese Polarisation hat eine Polarisationsrichtung. Physikalische Erhaltungssätze fordern, dass die Polarisationsrichtungen verschränkter Photonen stets aufeinander senkrecht stehen. Nun ist aber, wie wir im letzten Abschnitt sahen, ein Messwert – mithin auch die Polarisation – vor einer Messung völlig unbestimmt. Erst zu dem Zeitpunkt, an dem wir die Polarisation eines der Teilchen messen, «entscheidet» sich das Teilchen, welche Polarisation es einnehmen will. Und jetzt geschieht das, was Albert Einstein als «spukhaft» bezeichnete: Das zweite Teilchen ist nunmehr gezwungen, eine Polarisationsrichtung einzunehmen, die zur gemessenen senkrecht steht, um physikalisch korrekt zu bleiben. Seine Polarisationsrichtung entsteht also im selben Augenblick, und dies selbst dann, wenn die beiden Teilchen bereits riesige Strecken voneinander entfernt sind.

Man stelle sich vor: Zwei verschränkte Photonen wurden vor Jahren irgendwo im Universum ausgesandt. Sie sind inzwischen Lichtjahre voneinander entfernt. Eines der Teilchen trifft bei uns auf der Erde ein, und seine Polarisation wird von uns gemessen. Im selben Augenblick entsteht im anderen Photon – Lichtjahre entfernt – ebenfalls eine Polarisationsrichtung. Es ist so, als «wüsste» das andere Photon, dass sein Zwilling gemessen wurde, und stellte seine Polarisation dementsprechend ein.

Die Information, welche Polarisationsrichtung eingenommen wird, überträgt sich augenblicklich auf das zweite Teilchen. Man kann sagen, mit der Geschwindigkeit «unendlich». Viele Physiker waren nicht bereit, diese Vorstellung zu akzeptieren, widerspricht sie doch der Speziellen Relativitätstheorie, nach der die Lichtgeschwindigkeit die in der Natur höchst vorkommende Geschwindigkeit ist.

Auch Albert Einstein war skeptisch. Er schrieb «Dem Schluss ... kann man nur dadurch ausweichen, dass man entweder annimmt, dass die Messung an S_1 (erstes Teilchen) den Realzustand von S_2 (zweites Teilchen) telepathisch verändert oder aber dass man Dingen, die räumlich voneinander getrennt sind, unabhängige Realzustände überhaupt abspricht. Beides scheint mir ganz inakzeptabel» – und bezeichnete das Phänomen eben als «spukhaft».

Im Jahre 1982 gelang es Alain Aspect in Paris, diese Fernwirkungen im Labor als glaubhaft nachzuweisen. Später wurden ähnliche Versuche von anderen Forschergruppen durchgeführt. Alle Versuche bestätigten, dass die von Albert Einstein bezweifelte Simultanreaktion verschränkter Teilchen existiert. Wissenschaftler in Serge Haroche bei Paris konnten sogar zeigen, dass es verschränkte Atome gibt.

7.5 Der Tunneleffekt

Stellen Sie sich einen Käfig in einem Zoo vor, in dem Raubtiere – sagen wir Löwen – leben. Der Käfig sei mit einem fünf Meter hohen Zaun umgeben, ein Entkommen ist also unmöglich. Unsere Erfahrung sagt uns, dass kein Löwe mit seinen Kräften diesen Zaum überspringen kann.

Eine ähnliche Situation herrscht im Mikrokosmos: Die Löwen ersetzen wir durch Alphateilchen, das sind Heliumkerne,

die sich auch in größeren Atomkernen befinden. Die Alpha-
teilchen können den Atomkern nicht verlassen, weil die starke
Kernkraft sie so stark bindet wie der Zaun unsere Löwen. Der
Atomkern wirkt für ein Alphateilchen wie ein Kerker.

Wie wir oben sahen, beschreibt die Schrödinger-Gleichung
Materiewellen. Da auch das Alphateilchen wellenartig ist, können wir die Schrödinger'sche Wellengleichung auf Alphateilchen anwenden. Die Rechnung zeigt überraschenderweise,
dass es einige Alphateilchen geben muss, die den Atomkern
dennoch verlassen. Die Physiker sprechen davon, dass die Teilchen sich durchtunneln, daher die Beschreibung als «Tunneleffekt». Der Tunneleffekt ergibt sich auch aus der Heisenberg'schen Unschärferelation: Ist der Ort nämlich sehr be-
grenzt, kann die Geschwindigkeit so groß werden, dass ein
Durchtunneln möglich wird. Um einen weiteren Tiervergleich
zu bemühen: Es verhält sich ähnlich, als würden Sie ein
scheues Reh in ein Gatter einsperren. Wenn Sie das Gatter immer enger machen und das Reh immer weniger Platz hat, wird
es möglicherweise voller Panik wie wild gegen den Zaun anren-
nen und ihn eventuell dabei sogar zerstören, so dass es flüch-
ten kann. Es hat den Zaun «durchtunnelt».

Der Tunneleffekt ist übrigens die Ursache dafür, dass die Sterne
leuchten. Sonne und Sterne erzeugen Licht und Energie, indem
Protonen, also Wasserstoffkerne, zu Heliumkernen (Alphateilchen) verschmelzen. Dadurch wird Kernbindungsenergie
in einem ungeheuren Ausmaß frei, die abgestrahlt wird. Dies ist
der bekannte Vorgang der Kernfusion.

Bei der Fusion gibt es ein Problem: Die Protonen im Atomkern werden durch die «starke Kernkraft» zusammengehalten,
die eine sehr kurze Reichweite hat. Kommt nun ein Proton von
außen in die Nähe eines anderen Protons, so muss es in den

Anziehungsbereich der starken Kernkraft geraten, damit die beiden Protonen auch zusammenbleiben und Helium entstehen kann. Protonen besitzen aber eine elektrische Ladung, die dafür sorgt, dass sie sich gegenseitig abstoßen. Das Zusammentreffen wird daher verhindert, da die Protonen sich «nicht mögen» und voreinander «davonlaufen». Es sei denn, die Geschwindigkeit des einen Protons ist so groß, dass es regelrecht in die Arme des anderen geschleudert wird.

Berechnungen ergaben, dass dies nur bei einer sehr hohen Temperatur geschehen kann; diese Temperatur liegt bei sage und schreibe zehn Milliarden Grad. Unsere Sonne ist im Inneren «lediglich» 15 Millionen Grad heiß, also viel zu «kalt» für eine Fusion. Jetzt kommt der Tunneleffekt ins Spiel: Ein Proton kann sich in die Arme eines anderen durchtunneln, was so viel besagen will wie, dass es mit voller Energie auf das andere geschleudert wird, mit der Folge, dass beide zusammenbleiben. Sie fusionieren zu einem Heliumkern.

8. Elementarteilchen

8.1 Das Neutrino

Im Jahr 1932 kannten die Physiker insgesamt vier Teilchenarten: Protonen, Neutronen, Elektronen und Photonen. Sie gingen davon aus, dass diese Teilchen die Bausteine der Materie sind. Man nahm an, dass sie elementar, also nicht aus kleineren Konstituenten zusammengesetzt sind.

Anfang der dreißiger Jahre waren die Physiker mit einem ernsthaften Problem konfrontiert. Das Neutron zerfällt, wenn es isoliert ist, innerhalb von einer Viertelstunde in ein Proton und ein Elektron. Nun gilt in der Physik das Gesetz der Erhaltung der Energien. Daher müsste die Energie des Neutrons gleich groß sein wie die Summe der Energien seiner Zerfallsprodukte, des Protons und des Elektrons. Experimente zeigten aber, dass dies nicht der Fall ist. Neutronen sind schwerer, als sie sein sollten. Dies war ein ernsthaftes Problem für die Physiker, und man diskutierte sogar die Möglichkeit, dass das Gesetz von der Erhaltung der Energie bei Elementarteilchen möglicherweise verletzt ist.

Die Lösung fand schließlich der Zürcher Physiker Wolfgang Pauli, der 1930 vorschlug, die Existenz eines neuen Teilchens anzunehmen, das beim Neutronenzerfall neben dem Proton und dem Elektron entsteht. Pauli war klar, dass dieses Teilchen so leicht sein musste, dass es nicht nachweisbar ist. Seinen Vorschlag formulierte er in einem Brief an die «Gruppe der Radioaktiven» bei der Physikertagung in Tübingen im Jahre 1930. Er schrieb: «Ich traue mich vorläufig nicht, etwas über diese Idee zu publizieren, und wende mich vertrauensvoll an Euch.»

Das neue Teilchen stellte man sich als ein kleines Neutron vor, weshalb der italienische Physiker Enrico Fermi den Namen «Neutrino» vorschlug. Erst nach über 20 Jahren – in der ersten Hälfte der fünfziger Jahre – gelang es, das Neutrino in der Nähe von Kernreaktoren nachzuweisen. Heute kennt man drei Typen von Neutrinos.

Die Eigenschaften von Neutrinos sind bemerkenswert. Sie sind – falls sie überhaupt eine Masse haben – zehntausendmal leichter als ein Elektron. Neutrinos durchfliegen in der Regel die Erde, ohne mit einem Atomkern oder Elektron zusammenzustoßen. Sogar die Sonne können sie ohne große Probleme durchfliegen.

Neutrinos entstehen im Inneren der Sonne im Zusammenhang mit Fusionsprozessen. Photonen, die ebenfalls dort

entstehen, benötigen viele Jahre, bis sie an die Sonnenober-
fläche gelangen, Neutrinos dagegen nur wenige Sekunden.
Die Zahl der von der Sonne ausgestoßenen Neutrinos ist
so groß, dass auf der Erde pro Quadratzentimeter und pro
Sekunde 65 Milliarden von ihnen landen. Wenn Sie an einem Strand in der Sonne liegen, werden Sie pro Sekunde von
300 000 000 000 000 Neutrinos bombardiert. Hätte jedes Neutrino die Größe eines Sandkorns, wären das 30 000 Kubikmeter Sand. Dies ist die Sandmenge, die Sie auf einem über
50 Meter langen Nordsee-Strandabschnitt finden. All dieser
«Sand», sprich Neutrinos, durchfliegt Sie in einer Sekunde.
Praktisch alle Neutrinos kollidieren nicht mit den Atomen
Ihres Körpers, sie gehen ungehindert hindurch, fast alle auch
ungehindert durch die Erde, ohne jede Kollision. Der Grund
ist ihre Kleinheit und die Tatsache, dass Materie fast nur aus
leerem Raum besteht (siehe Kap. 6).

8.2 Quarks, Leptonen und Co.

Rutherford entdeckte, dass das Atom aus einem Kern und
Elektronen besteht. Die Kernphysik zeigte dann, dass der Kern
aus Protonen und Neutronen aufgebaut ist. Darüber hinaus
fand man das Neutrino. Dies war das Bild der Atomphysik um
1930. Offen war die Frage, ob Teilchen wie Protonen und Neutronen aus weiteren Subteilchen zusammengesetzt sind oder
ob sie unteilbar sind.

1964 postulierte der Caltech-Physiker Murray Gell-Mann
die Existenz von Unterteilchen, aus denen Neutronen und
Protonen bestehen sollten. Er las zu der Zeit den Roman *Finne-
gans Wake* von James Joyce. Darin bestellt ein Mann namens
Mark drei Bier, die im Englischen üblicherweise als «quarts»
bezeichnet werden. Aus den quarts machte Joyce «three quarks

for Muster Mark», und der Name Quark war genau das, was Gell-Mann suchte. Er nannte seine Teilchen «Quarks» und erhielt 1969 den Nobelpreis für Physik, nachdem Experimente Hinweise auf die Existenz dieser materiellen Grundbausteine gegeben hatten. Die Quarks sind das bisherige Endergebnis des Versuches, die Materie bis in ihre Kleinstbestandteile zu zergliedern.

u-Quark	c-Quark	t-Quark	Photon
d-Quark	s-Quark	b-Quark	Gluon
Elektron-Neutino	Myon-Neutrino	Tau-Neutrino	Z-Boson
Elektron	Myon	Tau	W-Boson

Abbildung 14: Elementarteilchen (Quarks, Bosonen, Leptonen)

Heute sind so viele Elementarteilchen bekannt, dass Physiker scherzhaft vom Elementarteilchen-Zoo sprechen. So kennt man sechs Quarks, aus denen zum Beispiel Protonen und Neutronen bestehen. Hinzu kommen sechs Leptonen, zu denen das Elektron und drei verschiedene Typen von Neutrinos gehören. Schließlich gibt es die Bosonen, die die Wechselwirkung zwischen den Teilchen regeln. Zwischen den Elementarteilchen wirken nämlich Kräfte, und zwar indem sie miteinander Teilchen austauschen. Etwas salopp formuliert: Sie werfen sich ständig gegenseitig Bälle zu. Diese «Bälle» sind die Bosonen oder Eichbosonen. Ein einfaches Beispiel: Die elektromagnetische Kraft wird bewirkt durch den Austausch von Photonen.

Es würde den Rahmen dieses Buches sprengen, wenn wir auf alle Zusammenhänge eingehen wollten. Wir beschränken uns auf jene Quarks, die die Grundbausteine von Protonen und Neutronen sind.

Als der Quantenphysiker Richard P. Feynman auf der deutschen Nordseeinsel Wangerooge sich nach einer Krebserkrankung erholte, fand er in einem Geschäft für Lebensmittel kleine Pakete mit der Aufschrift «Quark». Scherzhaft meinte er zu seinem Begleiter: Die Deutschen sind wahrlich weiter als wir. In den USA suchen wir noch nach den Quarks, hier werden sie bereits in den Geschäften verkauft.

Um ein Proton oder Neutron aufzubauen, benötigen wir von den sechs Quarktypen nur zwei: das d-Quark und das u-Quark (d steht hier für down und u für up). Diese Quarks besitzen elektrische Ladungen, die nicht ganzzahlig sind: Das u-Quark hat die positive Ladung 2/3 und das d-Quark die negative Ladung 1/3. Je drei dieser Quarks bilden ein Proton oder Neutron. Das Proton besitzt die elektrische Ladung +1, daher benötigen wir zwei u-Quarks und ein d-Quark. Die elektrische Ladung beträgt dann

$$2/3 + 2/3 - 1/3 = +1.$$

Das Neutron besitzt keine elektrische Ladung. Dies erreicht man, wenn man zwei d-Quarks und ein u-Quark zusammensetzt. Die Ladung beträgt dann

$$-1/3 - 1/3 + 2/3 = 0.$$

Formal können wir schreiben:

$$\text{Proton} = (u, u, d)$$
$$\text{Neutron} = (u, d, d)$$

Das Kapitel über den Aufbau der Materie wäre nicht vollständig, wenn wir nicht über jene seltsamen Teilchen berichten würden, die man als Antimaterie bezeichnet. Zu fast allen Elementarteilchen existieren Antiteilchen mit den folgenden Eigenschaften:

1. Wenn ein Teilchen mit seinem Antiteilchen zusammenstößt, werden beide vollständig vernichtet und lösen sich in Strahlung auf.
2. Wenn zwei Teilchen zusammenstoßen, können dabei Antiteilchen entstehen.

Natürlich gibt es auch zu den Quarks Antiteilchen, die Antiquarks.

8.3 Was sind Higgs-Teilchen?

Der größte Teilchenbeschleuniger der Welt, der LHC (Large Hadron Collider), befindet sich in der Europäischen Organisation für Kernforschung CERN in Genf. In diesem Beschleuniger kollidieren Protonen beinahe mit Lichtgeschwindigkeit. Es werden Milliarden Protonen aufeinander geschossen. Dabei entstehen über 100 Millionen Kollisionen pro Sekunde, die Milliarden von Zerfallsprodukten liefern, darunter eventuell auch Teilchen, die für das Standardmodell der Elementarteilchen enorm wichtig sind, die Higgs-Teilchen. Die Suche nach den Higgs-Teilchen verläuft schon seit Jahren auf Hochtouren.

Am Abend vor dem 4. Juli 2012 harrten Mitarbeiter des CERN vor der Tür des großen Hörsaales aus, in dem für den 4. Juli ein wichtiges Seminar angekündigt worden war. Viele übernachteten auf dem Fußboden, um am nächsten Morgen einen der begehrten Plätze zu ergattern. Da der Andrang die Raumkapazität überstieg, wurde die Veranstaltung in benachbarte Hörsäle übertragen und sogar live via Internet.

Es ging um das Gerücht, das lange gesuchte Higgs-Teilchen sei nun endlich gefunden. Bei der Veranstaltung erklärte der Direktor des CERN, Rolf-Dieter Heuer: «Ein neues Teilchen ist entdeckt worden, das die Theorie zu bestätigen scheint.»

Fernsehjournalisten in aller Welt versuchten am Abend, ihren Zuschauern das Higgs-Teilchen nahezubringen. Dabei entstand folgendes Bild: Ein Superstar betritt eine Festival-Versammlung. Journalisten umringen ihn, und je weiter er sich durch die Menge bewegt, umso mehr Leute heften sich an seine Fersen. Schließlich bewegt er sich inmitten einer Traube von Journalisten und Neugierigen. Die Ausführungen enden dann meistens mit dem Satz: «So etwa arbeitet ein Higgs-Teilchen.»

Das «Aha» des Fernsehzuschauers mag nicht überzeugend gewesen sein. Wir sollten daher etwas tiefer in die Sache einsteigen: Das Standardmodell der Elementarteilchen wurde in vielen Experimenten überprüft und hat sich bestens bewährt. Allerdings ist noch offen, woher die Elementarteilchen ihre Masse bekommen. Nach dem Standardmodell sollten Teilchen wie zum Beispiel die Z- und W-Bosonen masselos sein. Das sind sie aber nicht, sie haben eine nicht unerhebliche Masse. Um diesen Widerspruch zu lösen, schlugen bereits 1964 Peter Higgs und der Belgier François Englert die Existenz eines Feldes vor, das das gesamte Universum ausfüllt und heute als Higgs-Feld bezeichnet wird. Im Jahr 2013 erhielten beide für ihre Voraussage den Nobelpreis für Physik. Das Higgs-Feld steht in Wechselwirkung mit den Bosonen und verleiht ihnen ihre Masse. Dies geschieht dadurch, dass es die Teilchen in ihrer Bahn bremst. Auf diese Weise kann man die Entstehung der Masse der Materieteilchen erklären.

Der Bremsprozess lässt sich in einem Bild etwa so beschreiben: Ein älterer Herr geht gemächlichen Schrittes durch einen Park; er hat einen jungen Hund bei sich. Der Hund springt von Baum zu Baum und rast herum, bewegt sich also mit hoher Geschwindigkeit. Trotzdem kommt er auf dem Weg durch den Park nicht schneller voran als sein Herrchen. Ähnlich werden die zunächst masselosen Teilchen mit hoher Geschwindigkeit durch Wechselwirkung mit dem Higgs-Feld gebremst und erhalten dadurch ihre Masse. Je stärker das Higgs-Feld die Teilchen bremst, umso größer ist deren Masse.

Es ist verständlich, dass die Physiker brennend daran interessiert sind, mit dem Nachweis des Higgs-Feldes den letzten fehlenden Baustein für das Standardmodell zu liefern. Gelingt das nicht, ist das gesamte Gebäude der Teilchen-Theorie bedroht. Der Nachweis des Higgs-Feldes lässt sich aber nicht führen. Vielmehr produziert es Teilchen, die sogenannten Higgs-Teilchen, die sehr schnell zerfallen und ausschließlich über ihre Zerfallsprodukte nachgewiesen werden können.

9. Endstation Vakuum

In unserer Reise von den Mikroorganismen über die Moleküle, über Atome und Elementarteilchen sind wir am Ende angekommen. Vor uns: nur noch das Nichts oder der leere Raum oder das Vakuum.

Gibt es das Nichts? Philosophisch gesprochen ist das Nichts nicht denkbar, denn in dem Moment, in dem ich das Nichts denke, ist es ein Seiendes. Der griechische Philosoph Parmenides sagt: «Das Nichtseiende kannst du weder erkennen noch aussprechen.»

Wie sich eine Kugel verhält, in der Vakuum herrscht, wollte 1657 Otto von Guericke wissen, einer der vier Bürgermeister von Magdeburg. Er erfand ein spektakuläres Experiment. Von Guericke legte im Sommer 1657 zwei aus Kupfer gefertigte, mit einer Dichtung versehene Halbkugeln zusammen und pumpte die Luft aus dem Inneren heraus. Danach wurden vor jede Halbkugel acht Pferde gespannt, die versuchen sollten, die Halbkugeln wieder auseinanderzuziehen. Es gelang nicht. Als dann die Kugeln wieder mit Luft gefüllt wurden, fielen sie auseinander. Der Druck der umgebenden Luft auf die Vakuumkugel verhinderte ein Auseinanderbrechen. Guerickes Experiment wurde untere dem Begriff «Magdeburger Halbkugeln» bekannt.

Seit der Entwicklung der Quantenphysik gilt die Vorstellung eines leeren Vakuums nicht mehr. Die Heisenberg'sche Unschärferelation zeigte uns, dass es unmöglich ist, Ort und Impuls von Teilchen exakt anzugeben. Hätten wir echtes Vakuum, wären alle Werte exakt null, also eindeutig zu fixieren, was aber der Unschärferelation widerspricht. Man entwickelte die Vorstellung, dass im Vakuum permanent virtuelle Teilchen produziert werden, die kurz entstehen, sich aber sofort (mit ihren Antiteilchen) wieder vernichten. So gibt es im Vakuum ein ewiges Brodeln, ähnlich wie in einem Wassertopf mit kochendem Wasser. Man spricht von der Vakuumfluktuation oder der Nullpunktenergie.

Hendrik Casimir schlug 1948 ein Experiment vor, das die Vakuumfluktuation nachweisen sollte: Zwei elektrisch leitende Metallplatten werden parallel zueinander aufgestellt. Beide Platten haben die Temperatur 0 Grad Kelvin und befinden sich im Vakuum. Wenn es in dem Vakuum die Nullpunktenergie gibt, entstehen zwischen den Platten permanent Teilchen und vernichten sich wieder. Wir wissen, dass Teilchen auch als Wellen auftreten (siehe Abschn. 7.1). Ist der Abstand der Platten so gering, dass sich gewisse Wellenlängen nicht mehr ausbilden können, befinden sich innerhalb der Platten weniger virtuelle Teilchen als außerhalb. Das führt zu einem Druck von außen, der messbar ist.

Bei einem Plattenabstand von 190 Nanometer sollte dieser etwa 1 Pascal ausmachen. Man bezeichnet diesen Effekt auch als Casimir-Effekt; er wurde experimentell bestätigt.

III. Die Makrowelt oder
Das gigantische Universum

Wann werde ich aufhören zu staunen
und anfangen zu begreifen?
Galileo Galilei

Nachdem wir den Mikrokosmos erkundet haben, werden wir im Folgenden in die Dimensionen der Makrowelt eintauchen. Von der Erde ausgehend durchstreifen wir das Sonnensystem und unsere Heimatgalaxie, die Milchstraße, und gelangen schließlich in die unendlichen Weiten des Universums. Wir verfolgen die Entwicklung des Alls vom Urknall bis heute und hinterfragen die großen Rätsel unserer Tage: dunkle Materie und dunkle Energie.

1. Die Größe des Kosmos

1.1 Die Erde: Größe und Entstehung

Unsere Erde rast mit 29,78 Kilometern pro Sekunde, das sind über 107 000 Kilometer pro Stunde, um die Sonne. Dabei ist sie stets etwa 150 Millionen Kilometer von dieser entfernt. Dies ist die genau richtige Entfernung, damit Leben entstehen kann. Wenn die Sonne nur um 5 Prozent der Entfernung näher läge, wäre unser Globus eine gigantische, unbelebte Wüste. Wäre sie hingegen um 10 Prozent weiter entfernt, würde die Erdoberfläche zu Gletscher und Eis erstarren.

Die Erde hat einen Durchmesser von etwas weniger als 13 000 Kilometer. Würden wir ein Modell von Sonne und Erde anfertigen und hätte die Erde in diesem Modell den Durchmesser von einem Meter, betrüge der Durchmesser der Sonne

. ← ERDE

*Abbildung 15: Die Erde ist im Vergleich zur Sonne so groß wie
der Punkt oben im Bild. Im Maßstab dieser Abbildung wäre die Erde
(der Punkt) 6 Meter von der gezeichneten Sonne entfernt.*

mehr als 100 Meter. Die Erde ist also – im Vergleich zur
Sonne – eine winzige Kugel, die in einer Entfernung von
150 Millionen Kilometern um eine riesige Sonne kreist
(Abb. 15).

Wie entstand die Erde? Es gibt zahlreiche mythologische und
biblische Berichte, die ihre Entwicklung nachzeichnen (z. B. der
Schöpfungsbericht nach der Genesis). Die wissenschaftlichen
Erklärungen beschreiben die astrophysikalischen Prozesse.

Danach gab es als Vorläufer unseres Sonnensystems vor
etwa 4,6 bis 4,7 Milliarden Jahren einen gigantischen Sonnen-

nebel, der sich durch die Gravitation zusammenzog. Wie bei einer Eisläuferin, die ihre Umdrehung beschleunigen kann, wenn sie ihre Arme eng an den Körper legt, geriet der Nebel in Rotation. Die Materie konzentrierte sich in elliptischen Bahnen um einen gemeinsamen Schwerpunkt. In diesem Schwerpunkt erreichte die Masse eine so hohe Dichte, dass ein nuklearer Fusionsprozess einsetzte. Es entstand die Sonne. Die übrige um die Sonne kreisende Materie ballte sich zu Materieklumpen zusammen. Besonders massereiche Materieansammlungen zogen aufgrund ihrer starken Gravitation weitere Materie an, es entstanden die Protoplaneten und aus diesen später dann die Planeten, darunter auch die Erde.

Die Atmosphäre der Urerde bestand aus Wasserstoff und Helium. Alle chemischen Elemente, die heute die Erde bilden, waren bereits vorhanden, allerdings fast alle in flüssigem Zustand. Elemente mit hoher Dichte sanken in den Erdkern, leichtere verblieben oben. Der schalenförmige Aufbau bildete sich (siehe Abschn. II, 1.2). Bis vor 2,5 Milliarden Jahren sank die Temperatur auf der Erde auf unter 100 Grad, und die feste Erdkruste entstand. Als vor 3,5 Milliarden Jahren im Wasser die Blaualgen (die eigentlich Bakterien sind) entstanden, setzten diese durch Photosynthese aus Kohlendioxid Sauerstoff frei. Dadurch stieg langsam der Sauerstoffgehalt in der Atmosphäre.

1.2 Reise zum Mittelpunkt der Erde

Unsere Erde ist fast kugelförmig und hat einen Durchmesser von etwa 12 000 bis 13 000 Kilometern. Durch ihre Anziehungskraft (Gravitation) werden wir am Erdboden gehalten. Gäbe es die Gravitation nicht, würden wir wie Astronauten herumschweben. Die Erdanziehung wird durch die Erdbeschleunigung g beschrieben mit g = 9,81 (Meter pro Sekunde pro Sekunde). Das heißt, wenn wir uns im freien Fall befinden, vergrößert sich unsere Fallgeschwindigkeit pro Sekunde um 9,81 Meter pro Sekunde. Allerdings würde der Fall durch die Luftreibung gebremst werden.

Weniger bekannt ist die Tatsache, dass wir durch die Drehung der Erde auch einer Fliehkraft unterworfen sind, die uns nach außen – besser: nach oben – treibt. Das Ganze gleicht einem drehenden Karussell, bei dem die Fahrgäste nach außen gedrängt werden. Durch diese Fliehkraft wird auf uns eine Beschleunigung von 0,02 m/s² pro Sekunde ausgeübt. Anders gesagt: Gäbe es keine Gravitation, würden wir nach außen getrieben, wobei unsere Fliehgeschwindigkeit pro Sekunde um 0,02 Meter pro Sekunde zunimmt. Das bedeutet wiederum, dass wir nach einer Stunde bereits einige Meter über dem Erdboden schweben würden. Am Äquator ist die Fliehkraft etwas größer, am Nordpol ist sie gleich null.

Was wissen wir vom Inneren der Erde? Wir begeben uns auf eine imaginäre Reise und fahren von unserem Standort aus wie mit einem Fahrstuhl in die Tiefe bis zum Erdmittelpunkt. Auf dieser Reise werden wir fast 6500 Kilometer zurücklegen.

Zunächst passieren wir die äußere Schicht, die Erdkruste. Diese schwimmt auf zähflüssigem Gestein und ist etwa 35 Kilometer dick. Hätte die Erde einen Durchmesser von nur zwei Metern, betrüge die feste Schicht über dem flüssigen Teil gerade einmal 2,5 Millimeter. Es ist ähnlich wie bei erhitzter Milch, bei der sich auf der Oberfläche eine Haut bildet. Wir leben auf dieser dünnen Haut, unter uns ist flüssiges Gestein.

Unsere Erde ist also ein brodelnder Kessel, und hin und wieder findet das Innere den Weg durch die dünne Kruste, die aus all den Elementen des Lebens sowie aus Kohle, Gold, Silber, Öl usw. besteht: Wir dürfen dann ein gefährliches Naturschauspiel bewundern, einen Vulkanausbruch.

Unser Fahrstuhl setzt sich in Bewegung. Bei 5 Metern Tiefe erreichen wir die tiefste Schicht, in der Säugetiere leben: Präriehunde graben ihre Tunnel bis zu 5 Meter tief mit zwei Ausgängen. Bis zu 100 Meter unter der Erdoberfläche liegen U-Bahn-Tunnel. Die tiefsten mit genau 100 Metern befinden sich in St. Petersburg. Bei 120 Metern angekommen, würden wir in Südafrika überrascht feststellen, dass es Bäume gibt, die ihre Wurzeln bis zu dieser Tiefe treiben. Es handelt sich um südafrikanische Feigenbäume, die in wüstenähnlichen Gebieten wachsen und so tief wurzeln, um Wasser zu finden. Bergbaustollen reichen bis zu mehreren hundert Metern in die Tiefe. Noch tiefere Schichten erreichen Tiefbohrungen. Die tiefste je durchgeführte Bohrung fand in Russland auf der Halbinsel Kola statt und führte in eine Tiefe von 12 Kilometern. Eine Bohrung in Deutschland bei Windischeschenbach erreichte 9,1 Kilometer Tiefe.

Je tiefer wir ins Erdinnere fahren, umso mehr steigen Druck und Temperatur. Bei 14 Kilometern Tiefe beträgt der Druck etwa 400 MPa bei einer Temperatur von 300 Grad Celsius.

Nach etwa 35 Kilometern erreichen wir nach einer Übergangszone den oberen Erdmantel. Wir finden zähflüssiges Gestein, bestehend aus Silikaten und Oxiden. Die Temperaturen steigen auf 1000 bis 2500 Grad, alle Masse ist in Bewegung.

In 2900 Kilometern Tiefe erreichen wir den äußeren Erdkern. Er ist flüssig und besteht im Wesentlichen aus einer Nickel-Eisen-Schmelze. Die Temperatur beträgt jetzt um 3000 Grad. Im Zusammenhang mit der Erdrotation ist die bewegliche Eisenschmelze verantwortlich für das Magnetfeld der Erde, das uns vor dem Sonnenwind schützt.

In etwa 5000 Kilometern Tiefe erreichen wir den inneren Erdkern. Er besteht vermutlich aus einer festen Eisen-Nickel-Legierung. Der Druck ist hier 3,6 Millionen Mal höher als bei uns, und die Temperatur liegt zwischen 4000 und 5000 Grad Celsius. Durch den hohen Druck ist der Erdkern fest und nicht flüssig.

1.3 Die Erde und ihr Mond

Etwa 30 bis 50 Millionen Jahre nach der Bildung des Sonnensystems vor 4,5 Milliarden Jahren existierte die Protoerde, ein Vorläufer unserer Erde. Damals kollidierte ein Himmelskörper von der Größe des Mars mit der Protoerde. Glücklicherweise war der Aufschlagwinkel klein, so dass eine direkte Kollision vermieden wurde, der Himmelskörper streifte die Protoerde lediglich. Dabei wurde viel Materie in die Erdumlaufbahn geschleudert. Diese Materie ballte sich zusammen und entwickelte sich schließlich zum heutigen Mond. Die restliche Materie des Himmelskörpers vereinte sich mit der Protoerde und bildete die Erde.

Zunächst war der Mond nur 20000 bis 30000 Kilometer von der Erde entfernt. Die heutige Entfernung beträgt etwa 384400 Kilometer, die Umlaufzeit um die Erde etwas mehr als 27 Tage. Aufgrund der Rotation der Erde umkreist sie der Mond aus der Sicht eines irdischen Beobachters scheinbar an einem Tag – so wie die Sonne. Bei der ersten Mondexpedition *Apollo 11* wurden auf dem Mond Reflektoren angebracht, die Laserlicht reflektieren. Seitdem wird in regelmäßigen Abständen Laserlicht auf die Reflektoren geschickt. Aus der Laufzeit des Hin- und Rückweges lässt sich zentimetergenau die Entfernung des Mondes ermitteln. Es stellte sich heraus, dass sich der Abstand des Mondes zur Erde jährlich um 3,8 Zentimeter vergrößert. Der Mond bewegt sich also von uns weg, und diese Bewegung beschleunigt sich.

Was aber wäre die Erde ohne den Mond? Die Umrundung des Mondes um die Erde stabilisiert die Erdachse. Gäbe es den Trabanten nicht, wäre die Erdachse größten Schwankungen unterworfen. Die stabile Jahreseinteilung in Winter und Sommer wäre gestört. Was das bedeutet, können wir an Vorgängen auf der Erde vor etwa 100 000 Jahren ablesen. Damals schwankte die Erdachse um nur 1,5 Grad. Die Folge: Blühende Waldgegenden wurden zu Wüsten, und im Norden begann die Eiszeit. Ohne den Mond würde die Erdachse kippen, mit der Folge einer Klimakatastrophe. Leben, wie wir es kennen, hätte sich unter diesen Bedingungen wohl nicht gebildet. Hätte es den Mond nie gegeben, wäre die Entwicklung der Erde womöglich ähnlich der des Mars verlaufen: sie wäre zu einem Planeten ohne Wasser und mit einer Oberfläche aus Wüste geworden.

1.4 Gibt es Leben auf anderen Planeten?

Unsere Sonne wird von neun Planeten umkreist: Merkur, Venus, Erde, Mars, Jupiter, Saturn, Uranus und Neptun. Dem Planeten Pluto wurde 2006 der Status «Planet» aberkannt; er wurde in die Gruppe der Zwergplaneten verwiesen. Sie alle bilden mit der Sonne das Sonnensystem mit einem Durchmesser von etwa 9 Milliarden Kilometern. Alle Planeten kreisen um die Sonne, allerdings mit unterschiedlicher Geschwindigkeit: Die Erde umläuft ihr Zentrum einmal im Jahr, der Planet Neptun benötigt für eine Umrundung 165,49 Jahre.

Gibt es oder gab es Leben auf einem anderen Planeten? Der Mars wurde lange Zeit als Kandidat für diese Möglichkeit in Betracht gezogen und war daher ein besonders interessantes

Objekt astronomischer Forschung. Im August 2012 landete der kleinwagengroße Rover *Curiosity* nach einer achtmonatigen Reise wohlbehalten auf dem roten Planeten und sendete Bilder auf die Erde. Er fand Kieselsteine und Tonformationen, die man als deutliche Hinweise auf früheres Marswasser wertet. Enttäuschung allerdings für jene, die auf Spuren von Leben gehofft hatten: Methan und andere organische Moleküle in der Atmosphäre fehlten ganz. Im November 2012 dann wurde auf einer Pressekonferenz der NASA eine «frohe Botschaft» verkündet: Die herbeigeeilten Journalisten erfuhren, dass *Curiosity* in Bodenproben Kohlenstoff gefunden habe, den Grundstoff für organische Substanzen. Allerdings räumten die NASA-Wissenschaftler gleich ein, dass die Herkunft des Kohlenstoffes auch einen anderen Ursprung haben könne. Dies ließ die aufkommenden Träume vom Leben auf dem Mars gleich wieder platzen. Erinnerungen wurden wach an frühere Ankündigungen der NASA, man sei auf Bakterienspuren auf Marsmeteoriten oder auf fließendes Wasser gestoßen, die sich später als Irrtum herausstellten. Ob also auf dem Mars je Leben existierte, bleibt höchst fragwürdig.

Insgesamt bildet der Mars eine höchst unwirtliche Region. Die Durchschnittstemperatur beträgt minus 63 Grad Celsius. Bedingt durch die flächendeckende Wüste verhindern Staubwinde das Durchdringen von Sonnenlicht.

Wie unrealistisch das Vorkommen von außerirdischem Leben auf anderen Planeten unseres Sonnensystems ist, zeigen Raumsonden, die bei der Passage von Planeten Aufnahmen auf die Erde schickten. So wurde auf Saturn ein Zyklon beobachtet mit Windgeschwindigkeiten von 517 Kilometern pro Stunde. Zum Vergleich: Schwerste Stürme auf der Erde richten bei Windstärke 12 – etwa 120 Kilometern pro Stunde – ungeheure Verwüstungen und Schäden an. Die stärksten Stürme in

unserem Sonnensystem wurden auf dem Planeten Neptun be-
obachtet mit Geschwindigkeiten um 2000 Kilometern pro
Stunde. Die Folgen von Stürmen in diesem Ausmaß auf der
Erde wären nicht auszudenken.

Am 15. Oktober 1997 startete die Raumsonde *Cassini* zum
1,3 Milliarden Kilometer entfernten Saturnmond Titan. Die
Sonde war über sechs Jahre unterwegs und erreichte das Ziel
am 14. Januar 2005. Titan scheint der Erde ähnlich zu sein;
Flussläufe bahnen sich ihren Weg über die Oberfläche, und es
regnet. Allerdings fließt kein Wasser, sondern Methan, das bei
den dort herrschenden Temperaturen flüssig ist. Methan ist
höchst brennbar, auf dem Titan fehlt jedoch der für eine Ent-
zündung notwendige Sauerstoff. Die Atmosphäre enthält nur
Stickstoff.

Mars und Venus sind die Planeten, die in ihren Umlaufbah-
nen der Erde am nächsten sind. Am 6. Juni 2012 zog der Planet
Venus auf seiner Bahn direkt an der Sonne vorbei, so dass sie
von der Erde als kleiner dunkler Fleck vor der Sonnenscheibe
sichtbar wurde. Millionen von sternenbegeisterten Menschen
starrten mit Sonnenschutzfiltern auf die Sonnenscheibe, um
dieses Spektakel, das es erst wieder im Jahre 2117 geben wird,
zu beobachten.

Die Venus ist ein Planet, der unserer Erde hinsichtlich
Masse, Dichte und Größe noch am ehesten gleicht. Sie liegt
näher an der Sonne als unsere Erde, entsprechend ist es dort
auch heißer. Wie würden wir einen Tag auf der Venus erleben,
hielten wir uns dort mit geeigneten Raumanzügen auf? Ein
Venustag dauert 243 Erdentage, ist also äußerst lang. Der Sonnenaufgang dauert Monate und vollzieht sich – im Gegensatz
zur Betrachterperspektive auf der Erde – von Westen nach
Osten. Der Grund dafür ist, dass sich Venus als einziger Planet

bei der Umrundung der Sonne andersherum dreht. Warum, ist unklar. Nach dem Sonnenaufgang wird es nicht sehr hell, denn die Wolkenschicht, die viele Kilometer dick ist, verschluckt das meiste Licht. Das Tageslicht ist milchig gelb. Die Hitze ist größer als auf jedem anderen Planeten, sie steigt auf bis zu 500 Grad. Unser Raumanzug muss nicht nur die Hitze abweisen, sondern auch einem atmosphärischen Druck von 90 Erdatmosphären standhalten. Natürlich gibt es bei diesen Temperaturen kein Wasser. Um uns herum weht eine leichte Brise, in 40 Kilometern Höhe aber tobt ein Hurrikan.

1.5 Eine Reise durch den Kosmos

Das Sonnensystem ist beheimatet in der Galaxie «Milchstraße». Sie ist eine Insel im Weltall mit mehr als 100 Milliarden Sonnen. Rund um diese «Insel» ist leerer Raum. Weitere Galaxien befinden sich als Sterneninseln weit draußen.

Unsere Milchstraße wirkt von außen spiralförmig (Abb. 16). Sie rotiert mit 220 Kilometern pro Sekunde um ihr Zentrum, eine volle Umdrehung dauert etwa 230 Millionen Jahre. Unser Sonnensystem befindet sich ca. 30 000 Lichtjahre vom Zentrum entfernt. Um die Größe des Sternsystems Milchstraße, in dem unsere Erde zu Hause ist, zu veranschaulichen, stellen wir uns vor, ein Lichtstahl sei zur Zeit von Christi Geburt, also vor 2000 Jahren, am Rande der Milchstraße emittiert worden und durchfliege diese in Richtung ihrer größten Ausdehnung. Dann hat dieser Strahl bis heute gerade erst 2 Prozent unserer Galaxie durchflogen. Oder stellen Sie sich vor, Sie könnten mit einem Airbus A380 die Milchstraße von einem Ende zum anderen durchfliegen. Sie würden etwa 120 Milliarden Jahre unterwegs sein. Das ist fast neunmal so lange, wie das Universum besteht. Ein hoffnungsloses Unterfangen.

In einem Gedankenexperiment können wir uns versuchs-
weise eine Rakete vorstellen, die mit der größtmöglichen
Geschwindigkeit, nämlich mit Lichtgeschwindigkeit, das All
durchfliegt. Zeitverzerrung (siehe Abschn. II, 1.6), Gravitation
und Temperaturen wollen wir vernachlässigen. Unsere Reisegeschwindigkeit beträgt also 300 000 Kilometer pro Sekunde.
Das ist etwa die Geschwindigkeit eines Punktes, der pro Sekunde mehr als siebenmal um die Erde fliegt.

Wir besteigen die Rakete und fliegen mit Lichtgeschwindigkeit immer geradeaus. Bereits nach acht Minuten passieren wir
die Sonne, und nach weiteren vier bis fünf Stunden fliegen wir
am äußersten Planeten Neptun vorbei. Wir haben unser Sonnensystem verlassen.

Danach fliegen wir in Richtung des nächsten Sternes: *Proxima Centauri*. Allerdings sind wir vier Jahre unterwegs, bis wir
diesen Stern erreichen – eine ungeheure Entfernung. *Proxima
Centauri* ist der Stern in der Milchstraße, der der Sonne am
nächsten ist; er ist kleiner als die Sonne und kann nur außerhalb von Europa beobachtet werden.

Wir fliegen weiter, und alle paar Jahre passieren wir einen
weiteren Stern. Unsere Reisegeschwindigkeit beträgt nach wie
vor 300 000 Kilometer pro Sekunde. Nach 70 000 Jahren stellen wir fest, dass die Zahl der Sterne immer mehr abnimmt.
Wir geraten in einen leeren Raum. Wir haben unsere Galaxie,
die Milchstraße, verlassen.

Es ist so ähnlich, als würden wir in einem Zug in der Nacht
eine Großstadt verlassen. Hinter uns wird das Lichtermeer der
großen Stadt immer kleiner, die Dunkelheit umfängt uns. So
verschwimmt auch das Lichtermeer der Sterne unserer Milchstraße zu einem Nebel, und eine schwarze Dunkelheit umgibt
uns. Nur in der Ferne sehen wir verschwommen weitere Nebel
und Lichtflecken, nämlich andere Sterneninseln oder Galaxien.

Abbildung 16: Die Spiralgalaxie M101, auch als «Feuerrad-Galaxie» bekannt

Nach 160 000 Jahren Dunkelheit passieren wir auf unserer Reise die Magellan'sche Wolke, eine kleine Nachbargalaxie, und nach 2,5 Millionen Jahren erreichen wir die nächste größere Galaxie, den Andromeda-Nebel. Zum Verständnis dieser beträchtlichen Reisezeit: Wenn wir 2,5 Millionen Jahre zurückschauen, landen wir in einer Zeit, in der es den heutigen Homo sapiens noch gar nicht gab.

Der Andromeda-Nebel ist größer als die Milchstraße; beide Galaxien rasen mit 150 Kilometern pro Sekunde aufeinander zu. Irgendwann wird es zum großen Crash kommen, bei dem Milchstraße und Andromeda-Nebel zu einer Galaxie verschmelzen. Allerdings geschieht das erst in fünf Milliarden Jahren.

Wenn wir weiterreisen, werden wir für lange Zeit nur leeren

Raum um uns haben. Es herrscht absolute Dunkelheit, die ewige Nacht des Kosmos. Nur mit Teleskopen können wir in weiter Ferne seltsam leuchtende Gebilde erkennen, die Galaxien. Der Kosmos besteht nämlich zum größten Teil aus leerem Raum. Galaxien sind seltene Gebilde, es ist fast ein Glücksfall, wenn wir an einer von ihnen dicht vorbeifliegen.

1.6 Dimensionen des Universums

Um einen Überblick über die Größenverhältnisse im All zu bekommen, verkleinern wir dieses im Maßstab 1 : 1 Milliarde. Wenn wir die Zeit unverändert lassen, würde jetzt einem Lichtjahr die Strecke von weniger als 10 000 Kilometern entsprechen und die Lichtgeschwindigkeit betrüge etwa 30 Zentimeter pro Sekunde, das sind 1080 Meter pro Stunde. Die Sonne ist jetzt ein Feuerball von etwa 1,40 Metern Durchmesser, umrundet von unserer Erde im Abstand von 150 Metern. Dabei schrumpft die Erde auf einen Durchmesser von 1,2 Zentimeter. Der äußerste Zwergplanet Pluto hat einen Abstand von 6 Kilometern. Dahinter kommt ein ungeheurer leerer Raum, denn der nächste leuchtende Stern ist nun 43 000 Kilometer entfernt. Befände sich bei diesem Maßstab unser Sonnensystem irgendwo in Deutschland, wäre der nächste Stern doppelt so weit entfernt wie Australien. Bis zu einer Entfernung von 140 000 Kilometern gibt es nur 20 weitere leuchtende Sterne.

Um die Größenordnungen in unserer Galaxie überblicken zu können, verkleinern wir das bereits verkleinerte Universum erneut im Maßstab 1 : 1 Million. Unsere Milchstraße füllt nunmehr einen Raum aus, der in etwa einem Raum entspricht, der entsteht, wenn man über der Fläche Deutschlands eine Höhe von 20 bis 50 Kilometer abträgt. 100 Milliarden Sterne füllen diesen Raum aus, wobei der mittlere Abstand zwischen zwei Sternen etwa 50 Meter beträgt. Irgendwo über Hessen, Sachsen oder Bayern befindet sich unsere Sonne mit einem Durchmesser von weniger als 0,002 Millimetern. Das gesamte Sonnensystem hat einen Durchmesser von 12 Millimetern, und die Erde ist in ihrer Kleinheit kaum zu erkennen. Ein Lichtjahr ist jetzt 10 Meter lang. Die nächste Galaxie, der Andromeda-Nebel, ist 20 000 Kilometer entfernt, also – um im Bild zu bleiben – irgendwo in Australien. Um dorthin zu fliegen, müssten wir unglaubliche Entfernungen überwinden und würden in Bereiche totaler Dunkelheit geraten.

Verkleinern wir dieses reduzierte Universum nochmals im Maßstab 1 : 1 Million, entspricht einem Lichtjahr die Strecke von 0,01 Millimeter. Unsere Galaxie Milchstraße schrumpft zu einem nebelförmigen Gebilde von 80 Zentimetern Durchmesser. Unser Sonnensystem verschwindet irgendwo in diesem Nebel und ist wegen seiner Kleinheit nicht mehr auszumachen. Die Sterne haben als winzige Punkte einen mittleren Abstand von 0,05 Millimeter. Die nächste größere Galaxie ist jetzt 20 Meter entfernt. Weitere Galaxien sind zum Beispiel *Virgo* mit 739 Metern Entfernung und die Galaxie *Ursa Major* mit 38 Kilometern Entfernung. Alle diese Weltinseln bewegen sich und drehen sich im Raum. Wir selbst können nur 190 Kilometer weit in den Raum hineinsehen, was dahinterliegt, bleibt unsichtbar.

Der Vollständigkeit halber sei erwähnt, dass sich in den obigen Modellen auch die Zeiten verändern. Wir müssten nämlich fordern, dass die Lichtgeschwindigkeit bei allen Verkleinerungen unverändert bei 300 000 km/s bleibt. Daher verringert sich auch die Zeit. Bei der ersten Verkleinerung im Maßstab 1 : 1 Milliarde würde sie sich so verringern, dass ein Jahr nur noch 0,03 Sekunden dauert. Das Weltall wäre dann etwa

14 Jahre alt. Bei dem zweiten Verkleinerungsschritt ist das All nur sechs Minuten alt und bei dem dritten Schritt gar nur 0,0003 Sekunden.

1.7 Die Relativität der Zeit

Seit Albert Einstein die Relativitätstheorie entwickelte, wissen wir, dass eine Uhr bei schneller Bewegung langsamer läuft. Wenn Sie mit dem Auto unterwegs sind, geht Ihre Uhr tatsächlich langsamer, allerdings ist der Unterschied zu stehenden Uhren so gering, dass er nicht messbar ist.

Am 20. Juli 1969 betraten im Rahmen des Apollo-Programms Neil Armstrong und Edwin Aldrin als erste Menschen den Mond. Sie überwanden die 380 000 Kilometer bis zu ihrem Ziel mit einer Apollo-Rakete, deren Höchstgeschwindigkeit etwas weniger als 40 000 Kilometer pro Stunde betrug. Selbst bei dieser hohen Geschwindigkeit ging ihre Borduhr bei der Landung auf dem Mond nur 1,2 Sekunden nach.

Die höchste von Menschen je erreichte Geschwindigkeit liegt bei 383 680 Kilometer pro Stunde. Es handelt sich um die von der NASA gebaute Raumsonde *New Horizons*, die 2006 gestartet wurde und im Jahre 2015 den Planeten Pluto erreichen soll.

Bei sehr großen Geschwindigkeiten von Raketen im Weltall oder bei Satelliten macht sich der Laufzeitunterschied allerdings durchaus bemerkbar. Beim Navigationssystem GPS, das durch Satelliten gesteuert wird, muss der Laufzeitunterschied wegen der hohen Geschwindigkeit der Satelliten berücksichtigt werden.

Bei Geschwindigkeiten von einigen tausend Kilometern pro Sekunde wird der Zeitunterschied erheblich. Bei Geschwindigkeiten von 90 000 Kilometern pro Sekunde würde sich eine

Minute auf 57 Sekunden verkürzen. Die genauen Zeitverkürzungen finden Sie in der Tabelle 4.

Die Europäische Raumfahrtbehörde ESA hat im Jahr 2012 beschlossen, in zehn Jahren die Raumsonde *Juice* (Jupiter Icy Moon Explorer) zum Planeten Jupiter zu senden, damit sie dort drei Jahre lang die drei Jupitermonde *Ganymed*, *Europa* und *Kallisto* erforscht. Die Raumfähre wird den 800 Millionen Kilometer entfernten Jupiter im Jahr 2030 erreichen, ist also mindestens acht Jahre unterwegs.

Man vermutet, dass die Jupitermonde unter einer dicken Eiskruste gewaltige Ozeane aus flüssigem Wasser beherbergen, in denen eventuell auch Leben möglich sein könnte.

Sollten Astronauten die Jupitermonde anfliegen, brauchen sie 16 Jahre für die Hin- und Rückfahrt, eine Zeit, die in keinem Verhältnis steht zum Erfolg. Wenn aber die Zeit sich bei hohen Geschwindigkeiten verkürzt, könnte man dann nicht ein Raumschiff auf die Reise schicken, das mit halber Lichtgeschwindigkeit erträgliche Reisezeiten beschert?

Leider lassen sich so hohe Geschwindigkeiten technisch nicht erreichen. Dafür gibt es viele Gründe, auf die hier nicht näher eingegangen werden soll. Wir können aber in einem Gedankenexperiment ermitteln, wie ein Ausflug mit so hohen Geschwindigkeiten verlaufen könnte.

Nehmen wir also an, ein Astronautenteam fliege zum Jupiter, der eine mittlere Entfernung von 800 Millionen Kilometern von der Erde hat. Wir nehmen weiter an, die Geschwindigkeit der Rakete betrüge etwa 255 000 Kilometer pro Sekunde, das sind 85 Prozent der Lichtgeschwindigkeit. Aus der Tabelle 4 entnehmen wir, dass jetzt die Zeit nur halb so schnell verläuft wie auf der Erde. Eine Minute auf der Erde entspricht etwa einer halben Minute in der Raumkapsel.

Tabelle 4: Die Zeitdilatation

Raketengeschwindigkeit in Prozent der Lichtgeschwindigkeit	Eine Minute auf der Erde entspricht in der Rakete in Sekunden:
10 %	59,4
20 %	58,8
30 %	57,0
40 %	55,2
50 %	51,6
60 %	48,0
70 %	42,6
80 %	36,0
90 %	26,2
99 %	8,5
99,99 %	0,8
100 %	0

Eine einfache Rechnung zeigt, dass bei der hohen Geschwindigkeit von 255 000 Kilometern pro Sekunde die Raumfähre bereits nach 52 Minuten Jupiter erreicht hat. Die Astronauten im Raumschiff haben natürlich ihre eigene Uhr, die aber nur halb so schnell läuft. Nach ihrer Uhr sind nur 26 Minuten vergangen, wenn sie ihr Ziel erreicht haben. Nach ihren eigenen Bordprotokollen fliegen sie also 26 Minuten lang bei der Geschwindigkeit von 255 000 Kilometern pro Sekunde. Sie machen die folgende Rechnung auf: 26 Minuten, also 1560 Sekunden, mal die Geschwindigkeit von 255 000 Kilometern pro Sekunde macht etwa 400 Millionen Kilometer. Jupiter ist aber 800 Millionen Kilometer entfernt. Nur 400 Millionen Kilometer geflogen und schon angekommen? Wie das?

Wenn alle Bordinstrumente einschließlich der Uhr richtig gearbeitet haben und ein Blick aus dem Fenster zeigt, dass Jupiter bzw. dessen Mond erreicht wurde, gibt es eigentlich nur eine logische Konsequenz: Nicht nur die Zeit hat sich verkürzt, sondern auch der Reiseweg.

Dies ist in der Tat die Aussage der Relativitätstheorie Albert Einsteins. Nach Einsteins Theorie verkürzt sich nämlich bei hohen Geschwindigkeiten nicht nur die Zeit, sondern auch die zu fliegende Strecke. Die Entfernung zum Jupiter beträgt für die reisenden Astronauten bei ihrer hohen Geschwindigkeit tatsächlich nur 400 Millionen Kilometer.

Wenn Sie die Tabelle 4 betrachten, werden Sie feststellen, dass bei Lichtgeschwindigkeit sich eine Minute auf null Sekunden verkürzt, dass also die Zeit stehen bleibt. Für die Photonen, das sind die Teilchen, aus denen Licht besteht, gibt es keine Zeit, für sie steht die Zeit. Damit verkürzt sich auch die zu überwindende Strecke auf null. Auf diese Weise erhalten wir die merkwürdige Aussage: Wenn wir ein Lichtteilchen zum Jupiter schicken, braucht es in seinem eigenen Zeitsystem keine Zeit und keinen Raum. Hätte das Photon eine Uhr, würde der Startzeitpunkt mit dem Zeitpunkt der Ankunft übereinstimmen, die zu überwindende Strecke wäre ebenfalls null. Beim Start hat das Photon also bereits sein Ziel erreicht. Das gilt allerdings nur für die Photonenzeit, nicht für Erdenzeit. Beobachten wir den Vorgang von der Erde aus, dann braucht das Licht 44 Minuten und die Strecke ist 800 Millionen Kilometer lang.

2. Das Universum: Von seiner Geburt bis heute

Der Philosoph und Theologe Augustinus (354–430)
soll einmal gefragt worden sein:
Was tat Gott, bevor er das All erschuf?
Augustinus antwortete scherzhaft:
Da schuf er die Hölle für die, die solche Fragen stellen.

2.1 Die Geburt von Galaxien und Sternen

Zeit und Raum entstanden vor 13,8 Milliarden Jahren in einer gewaltigen Explosion, dem Urknall. Erst nach 0,0000000000 00000000000000000000000000000001 Sekunden (das sind 10^{-43} Sekunden) gelten die uns bekannten Naturgesetze. Diese Zeit wird als Planck-Zeit bezeichnet. Was vor der Planck-Zeit war und was als die Ursache des Urknalls angeführt werden kann, liegt im Dunkeln. Auch ein «vorher» gibt es nicht, denn die Zeit war vorher noch nicht vorhanden.

Ab der Zeit 10^{-43} Sekunden gelten unsere bekannten Naturgesetze, und wir können versuchen herauszufinden, wie die weitere Entwicklung verlief. Die Massendichte des damals winzigen Universums zur Planck-Zeit betrug 10^{94} Gramm pro Kubikzentimeter. Die Temperatur lag bei 10^{32} Grad in Kelvin.

Am Anfang bestand das Universum aus Elementarteilchen wie Elektronen, Photonen, Quarks usw. Die Quarks fanden sich zu Protonen und Neutronen zusammen, wobei die Protonen Kerne der später zu bildenden Wasserstoffatome waren.

Das Universum expandierte. Innerhalb der ersten Sekunde vergrößerte es sich nach Meinung der Experten um den Faktor 10^{43}, dies ist wieder eine Zahl mit reichlich, nämlich 44 Ziffern. Diese Vergrößerung geschah in dem winzigen Bruchteil einer

Sekunde (Inflation). Danach setzte eine normale Expansion an, die bis heute fortdauert.

Jeder, der schon einmal ein Fahrrad aufgepumpt hat, weiß, dass die Luftpumpe beim Pumpen wärmer wird. Der Grund: Zusammengepresste Luft erhitzt sich. Das Gegenteil bedeutet: Expandierende Luft kühlt sich ab. Nach dem gleichen Gesetz wurde das Universum kühler, als es sich ausdehnte. Eine Sekunde nach dem Urknall betrug die Temperatur noch 10^{10} K und nach 370 000 Jahren «nur» noch 3000 K.

Anfangs «rasten» die Teilchen wie Protonen (Wasserstoffkerne), Elektronen, Neutronen usw. wegen der großen Hitze und damit wegen der hohen Energie durch das All. Als die Temperatur sank, wurden sie langsamer, und irgendwann konnten die Protonen die vorbeifliegenden Elektronen an sich binden. Die Elektronen umkreisen jetzt die Protonen. Die Wasserstoffatome mit einem Proton als Atomkern und einem umkreisenden Elektron waren geboren. Zum Teil entstanden auch Heliumatome mit zwei Protonen, zwei Neutronen im Kern und zwei Elektronen in der Hülle. Dies geschah nach etwa 370 000 Jahren.

Es entstand eine Gasmischung, bestehend aus Wasserstoff und Helium. In den Bereichen, in denen die Dichte des Gases etwas höher war, sammelte sich Materie an. Nach mehreren hundert Millionen Jahren bildeten sich die ersten Galaxien und Galaxienhaufen. In diesen entstanden die ersten Sterne. Eine Galaxie besitzt 10^6 bis 10^{12} Sterne. Viele der Sterne sind bis zu 200 Mal so schwer wie die Sonne. Der bisher größte entdeckte Stern hat einen 3000 Mal so großen Radius wie die Sonne.

Dies alles geschah, weil die Temperatur im Universum immer niedriger wurde. Wir alle kennen das Phänomen, dass sich Wasserdampf abkühlt. Der Dampf kondensiert zu Was-

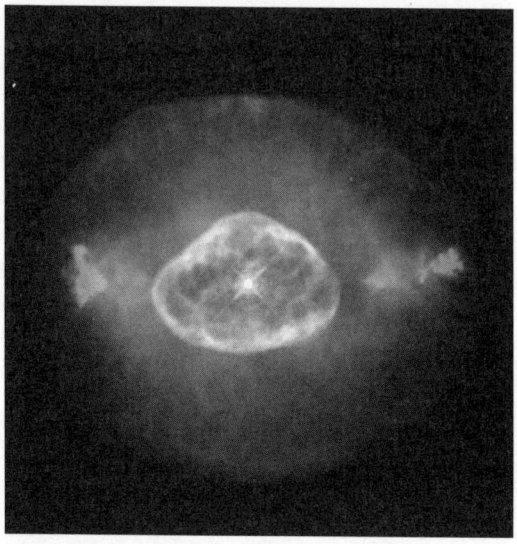

Abbildung 17: Der blinkende planetarische Nebel NGC 6826. Sein Zentralstern ist einer der hellsten bekannten Sterne in einem planetarischen Nebel.

ser. Kühlt man weiter, entstehen Eis und Eiskristalle, also feste Formen.

Zunächst bestehen die Sterne aus viel Wasserstoff und wenig Helium. Die leichtesten chemischen Elemente sind: Wasserstoff mit einem Proton im Atomkern und Helium mit zwei Protonen und zwei Neutronen. Wenn der Druck größer wird, verschmelzen zwei Wasserstoffatome zu einem Heliumatom. Dabei wird Energie frei in Form von Wärme und Licht. Beides wird in den Weltraum abgestrahlt. Unsere Sonne befindet sich zurzeit in dieser Phase.

Beim Verbrennen von Holz verbleibt am Ende ein Haufen Asche. Bei den Sternen ist es ebenso, wenn sie nicht zu schwer sind. Bei den leichteren Sternen bleibt, wenn aller Wasserstoff verbrannt ist und zudem weitere Verbrennungen zu Kohlenstoff stattgefunden haben, ein kleiner Reststern, der als weißer Zwerg bezeichnet wird: die Asche der Verbrennungsprozesse.

Ist ein Stern mit weniger als zwei Sonnenmassen am Ende seiner Entwicklung angekommen, entsteht um den Kern eine Gaswolke, bestehend aus Wasserstoff und Helium sowie einem kleinen Anteil höherwertiger Elemente. Diese Gaswolke, die etwa ein Lichtjahr breit ist und sich langsam ausbreitet, leuchtet in verschiedenen Farben von rot bis blau und wird als «planetarischer Nebel» bezeichnet, obwohl er nichts mit Planeten zu tun hat. In unserer Milchstraße entdeckte man ca. 1500 planetarische Nebel.

2.2 Zehn Milliarden mal heller als die Sonne

Ist ein Stern mindestens neunmal schwerer als die Sonne, endet die Verbrennungsphase anders. Es entsteht kein weißer Zwerg, sondern der Kohlenstoff verbrennt weiter zu Silizium. Da bei diesen Verbrennungen enorme Energien frei werden, wird der Stern immer heißer. Es entstehen Neon und Sauerstoff. Letzteres geschieht innerhalb eines Jahres. Danach folgt innerhalb eines Tages die Erzeugung von Nickel, Kobalt und Eisen. Die Verbrennungen beschleunigen sich also. Zum Ende werden ungeheure Energien freigesetzt. Die Leuchtkraft ist jetzt viele tausend Male größer als die der Sonne.

Sobald die Verbrennungskette das Element Eisen erreicht hat, erfolgen keine weiteren Verbrennungen mehr. Diese Vorgänge hatten im Inneren des Sternes einen Druck erzeugt, der gegen die Gravitation wirkte und den Kollaps des Sternes verhinderte. Nunmehr entfällt dieser Druck, und der Stern stürzt in sich zusammen. In ein paar Zehntelsekunden rasen die Teilchen auf den Kern zu. Dabei entstehen neue Elemente wie

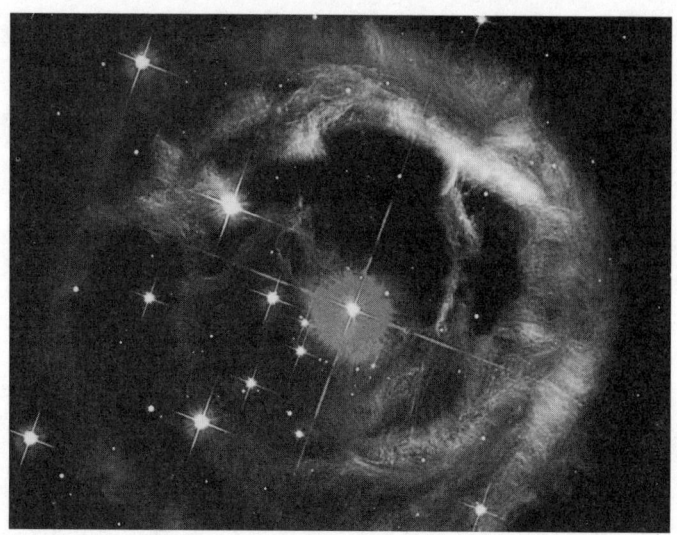

Abbildung 18: Trümmerwolken einer Sternexplosion

Gold, Blei und Uran. Wie Tennisbälle, die von einer Wand zurückprallen, werden die in den Kern des Sternes geschleuderten Atome nach außen zurückgeschleudert. Es entsteht eine nach außen gerichtete Stoßwelle, die die Stoffe mit Geschwindigkeiten von 1000 bis 20 000 Kilometer pro Sekunde in den Weltraum transportiert. Der Stern explodiert, wir haben eine Supernova. Aus den ausgestoßenen Elementen können sich später Planeten wie die Erde bilden. Viele der Stoffe, aus denen wir bestehen, sind in einer Supernova entstanden.

Es gibt einen weiteren Typ Supernova. Die Astronomen bezeichnen ihn als Typ I im Gegensatz zu dem gerade besprochenen, der bei ihnen als Typ II kursiert. Diese Supernova vom Typ I ist energetisch nochmals viel aktiver. Es handelt sich um ein Doppelstern-System, dessen einer Stern ein weißer Zwerg ist. Von dem anderen Stern wird dabei Materie abgezogen, die auf den weißen Zwerg übergeht. Dieser wird größer, die Temperatur wächst bis auf über eine Milliarde Grad, und die Dichte steigt bis auf 100 000 Tonnen pro Kubikmeter. Bei diesen Temperaturen werden in einem nuklearen Brennen alle höherwertigen Elemente bis hin zu Eisen erzeugt. Irgendwann zerreißt es den ehemals weißen Zwerg, und mit einigen tausend Kilometern pro Sekunde werden Elemente wie Mangan, Neon, Eisen, Schwefel usw. in den Weltraum geschleudert. Der Stern ist jetzt 10 Milliarden Mal so hell wie die Sonne. Seine Leuchtkraft kann die Leuchtkraft einer ganzen Galaxie annehmen.

Am 23. Februar 1987 beobachtete man eine Supernova in unserer Nachbargalaxie, der großen Magellan'schen Wolke. Die Explosion fand in 165 000 Lichtjahren Entfernung statt.

2.3 Schwarze Löcher

Der Schriftsteller Gustav Meyrink beschrieb zu Beginn des 20. Jahrhunderts mit besonderer Kunstfertigkeit das Irrationale und Unheimlich-Hintergründige. In seiner Erzählung «Die schwarze Kugel» berichtet er von einer schwebenden schwarzen Kugel im Raum, die alle Gegenstände ansaugt und verschluckt: Papier, Tassen, Vasen, Damenhandschuhe und sogar die Luft im Raum. All das verschwindet in dieser geheimnisvollen Kugel.

Meyrink konnte damals noch nicht ahnen, dass diese geheimnisvollen Objekte im Universum tatsächlich existieren. Es sind die schwarzen Löcher im All.

Was ist ein schwarzes Loch? Wenn ich von der Erde aus einen Gegenstand (z. B. einen Ball) senkrecht nach oben werfe, erreicht er eine bestimmte Höhe und fällt dann wieder zurück. Erhöhe ich die Wurfgeschwindigkeit, wird er auch eine größere Höhe erreichen. Nehmen wir an, ich schleudere den Gegenstand mit so großer Geschwindigkeit nach oben, dass er das Gravitationsfeld – also den Anziehungsbereich der Erde – verlässt, so wird er nicht zurückfallen, sondern in den Weltraum entweichen. Diese Geschwindigkeit bezeichnet man als die Fluchtgeschwindigkeit; sie beträgt für die Erde 11,2 Kilometer pro Sekunde. Auf dem viel leichteren Mond sind es nur 2,3 Kilometer und auf dem Mars 5 Kilometer pro Sekunde.

Bereits vor 200 Jahren überlegte der britische Universalgelehrte John Michell, wie groß die Fluchtgeschwindigkeit auf der Sonne wohl sein müsse. Des Weiteren überlegte er, wie sich die Fluchtgeschwindigkeit wohl verhalten würde, wenn man die Sonne gedanklich vergrößerte. Mit wachsendem Radius würde sich auch die Fluchtgeschwindigkeit immer erhöhen. Und irgendwann würde sie mit der Lichtgeschwindigkeit zusammenfallen. Bei weiterer Vergrößerung kann daher das Licht den Stern nicht mehr verlassen. Der Stern wirkt von außen schwarz. 1784 berichtete Michell darüber in den Philosophischen Abhandlungen der Royal Society.

Ähnlichen Gedanken hing der indische Student Subrahmanyan Chandrasekhar nach, als er in den 1930er Jahren mit dem Schiff von Indien nach England fuhr, um bei dem berühmten Astronomen und Physiker Arthur Eddington zu studieren. Anders als Michell ließ er den Stern nicht wachsen, sondern schrumpfen, indem er ihn gedanklich zusammenpresste. Dadurch wird die Materie immer dichter, und die Dichte nimmt schließlich ungeheure Werte an. Auch dies führt zu einer erhöhten Fluchtgeschwindigkeit. Irgendwann muss er zu einem Stern werden, den kein Licht mehr verlassen kann.

Derartige Sterne mit einer so hohen Dichte, dass Licht nicht mehr entweichen kann, existieren im Weltall und werden als schwarze Löcher bezeichnet. Ein schwarzes Loch, das sich in der Mitte unserer Galaxie befindet, hat 4 Millionen Sonnenmassen. Man entdeckte im zwei Millionen Lichtjahre entfernten Andromeda-Nebel ein schwarzes Loch, das 50 Millionen Mal so viel Masse hat wie unsere Sonne. Den bisher größten Koloss in dieser Kategorie fand man 2012 in der 220 Millionen Lichtjahre entfernten Galaxie NGC1277 im Sternbild Perseus mit einer Masse, die unglaubliche 17 Milliarden Mal so groß ist wie die unserer Sonne. Um das Zahlenverhältnis zu verdeutlichen: Hätte die Sonne die Masse dieses Giganten, wäre ihr Durchmesser 5000 Mal so groß und sie würde unser gesamtes Planetensystem überdecken.

Der deutsche Astrophysiker Karl Schwarzschild, Professor in Göttingen und später Direktor des Astrophysikalischen Observatoriums Potsdam, fand 1916, kurz vor seinem Tod, der ihn infolge eines Kriegsleidens ereilte, eine Gleichung, die es gestattet, für einen Stern den Radius auszurechnen, auf den man ihn zusammenpressen muss, damit er zum schwarzen Loch wird. Dieser Radius wird als Schwarzschild-Radius bezeichnet. Für unsere Erde beträgt er 8,9 Millimeter und für die Sonne etwa drei Kilometer.

Würde ein Astronaut sich einem schwarzen Loch nähern, würde die Zeit seiner Borduhr immer langsamer gehen. Er selbst allerdings würde den Zeitverlauf als völlig normal empfinden. Könnten wir allerdings ihn und sein Raumschiff von der Erde aus beobachten, würden wir bemerken, dass bei ihm alles in Zeitlupe abläuft. Erreicht er den Rand des schwarzen Loches, bliebe die Zeit stehen. Allerdings würde er nie so weit kommen, denn die ungeheure Schwerkraft würde ihn vorher zerreißen.

2.4 Die Entwicklung des Universums im Zeitraffer

Wir komprimieren die gesamte Entwicklung des Universums vom Urknall bis heute auf die Dauer eines Jahres. Eine Milliarde Jahre entsprechen dann ungefähr einem Monat. Am 1. Januar um 0:00 Uhr entstehen Zeit, Raum und Materie im Urknall. Der Raum ist angefüllt mit einem Urstoff von ungeheurer Dichte und Temperatur. Bereits in der ersten Sekunde entstehen daraus Elementarteilchen und aus diesen bald darauf die ersten leichten Atome wie Wasserstoff und Helium. Noch in der ersten Januarhälfte entstehen die ersten massereichen Sterne und die ersten schwarzen Löcher und zum Monatsende hin die ältesten heute bekannten Galaxien. In den folgenden Monaten verbrennt in den Sternen Wasserstoff zu Helium – wie es in unserer Sonne geschieht – und danach Helium zu Kohlenstoff und höherwertigen Elementen. Atome, wie sie in den Planeten vorhanden sind, entstehen in gewaltigen Supernova-Ausbrüchen und werden in den Raum geschleudert.

Unser Sonnensystem entsteht erst Mitte August. Innerhalb eines Tages befindet sich die Sonne in dem Zustand, in dem sie noch heute ist. Mit einer Temperatur von 6000 Grad strahlt sie Energie in den Weltraum und Richtung Erde aus.

Anfang September entstehen auf der Erde die ersten Minerale, zur Mitte des Monats hin die ersten zusammenhängenden Gesteinsformationen. Schon wenige Tage später bilden sich die ersten Einzeller, das Leben beginnt. Die zum Monatsende hin auftretenden Blaualgen (Cyanobakterien) beginnen die Atmosphäre mit Sauerstoff anzureichern. Bis Mitte November entstehen in den irdischen Gewässern nacheinander Algen, Pflanzen und dann Wassertierarten. Wenn die ersten Pflanzen das trockene Land besiedeln, ist es bereits Mitte Dezember. Am 20. Dezember sind die Kontinente mit Wald bedeckt. Aus Fischen entwickeln sich die ersten Landtiere und aus ihnen wiederum die Reptilien und die Saurier. Die ersten Säugetiere betreten zu Weihnachten die irdische Bühne, also am 25. Dezember. Am 29. Dezember abends beginnt die Auffaltung der Alpen; in der Nacht des 31. Dezember entwickeln sich die ersten menschenähnlichen Lebewesen, eine Viertelstunde vor Mitternacht sehen wir den modernen Menschen über afrikanischen Boden wandeln. 4,6 Sekunden vor Mitternacht wird Jesus geboren, und drei Sekunden vor Mitternacht Karl der Große zum Kaiser gekrönt.

3. Die Zukunft im Universum

3.1 Wenn die Sonne explodiert

Unsere Sonne wird nicht als Supernova enden; sie ist zu klein und ihre Gravitationskraft daher zu gering, um all die Brennphasen der Supernovae durchlaufen zu können. Sie wird einmal ein weißer Zwerg werden.

Heute verbrennt die Sonne Wasserstoff in Helium, indem zwei Wasserstoffatome zu einem Heliumatom verschmelzen. Dabei werden ungeheure Energiemengen frei, die als Wärme und Licht in den Weltraum abgestrahlt werden. Die Sonne produziert pro Sekunde so viel Energie wie zwei Milliarden Atomkraftwerke in einem Jahr. Die Sonne besteht aus Gas. Eigentlich müsste ein Gasstern infolge der Gravitation kollabieren und zusammenbrechen. Das verhindert aber der brennende Wasserstoff im Inneren, der der Gravitation einen Gegendruck entgegenstellt. Ist aber der Wasserstoffvorrat verbraucht – und das wird irgendwann der Fall sein –, entfällt der Gegendruck. Alle Materie stürzt ins Innere der Sonne. Das er-

höht den Druck im Inneren dramatisch. Es ist, als ob in einer
Kiste Gummibälle herumhüpfen, die Kiste aber immer kleiner
wird. Der Druck auf die Kistenwände wird steigen. Steigender
Druck erhöht aber gleichzeitig die Temperatur.

Irgendwann ist die Temperatur im Inneren so hoch, dass
eine neue Zündung einsetzt: Das entstandene Helium verbrennt zu Kohlenstoff. Die neu entstehende Energie dehnt die
Sonne aus, und ihre Farbe wird rötlich. Sie produziert viel
mehr Energie als zuvor und wird zu einem roten Riesen, dessen
Grenzen bis an die Erde reichen. Was geschieht auf der Erde,
wenn die Sonne zum roten Riesen wird? Die Temperatur
steigt zunächst kontinuierlich an. Bei 60 bis 70 Grad schmelzen
die Eismassen in Grönland und in der Antarktis. Die freien
Wassermengen lassen die Weltmeere um 60 Meter ansteigen.
Küstenstädte wie Amsterdam, New York oder San Francisco –
längst entvölkert von Lebewesen – verschwinden in den Wasser-
massen. Dies ist aber erst der Anfang. Bei 150 Grad verdampfen
die Meere, die Erde wird zu einem Wüstenkoloss. Bei 1500 Grad
verbrennt alles, was noch brennbar ist. Die Sonne bedeckt bereits einen großen Teil des Horizonts, das Licht ist mehr rot als
gelb. Die Planeten Venus und Merkur wurden bereits von der
Sonne verschlungen. Zum Schluss bedeckt die Sonne den gesamten sichtbaren Horizont. Die Erde wird in ihrem Umlauf
gebremst und stürzt schließlich in die Sonne. Der gesamte Pro-
zess dauert Milliarden Jahre – und all das wird glücklicherweise
auch erst in einigen Milliarden Jahren geschehen.

Irgendwann, wenn alles Helium zu Kohlenstoff verbrannt
ist, geht die Sonne in ihren Endzustand über. Die äußere Hülle
wird abgestoßen. Die Sonne wird zu einem weißen Zwerg.

Dies ist das Schicksal aller Sterne in der Größenordnung
der Sonne. Viele haben bereits ihren Endzustand erreicht und
vegetieren als weiße Zwerge irgendwo am Firmament.

3.2 Das Ende der Milchstraße

Auch unsere Heimatgalaxie, die Milchstraße, wird nicht ewig existieren. Unsere Nachbargalaxie, die Andromeda-Galaxie, rast, wie bereits erwähnt, mit einer Geschwindigkeit von 400 000 Kilometern pro Stunde auf die Milchstraße zu. Bei einem heutigen Abstand beider Galaxien von 2,5 Millionen Lichtjahren wird es zur Kollision in etwa vier Milliarden Jahren kommen. Diese anstehende Begegnung ist den Astronomen schon seit längerem bekannt. Was man bisher nicht genau wusste, ist, ob die Galaxien dicht aneinander vorbeifliegen werden oder direkt auf Kollisionskurs sind. Jahrelange Messungen des Weltraumteleskops Hubble haben nun ergeben, dass beide Sternsysteme auf einer eingleisigen Bahnstrecke direkt auf Kollisionskurs sind. Nach der Kollision wird es zwei Milliarden Jahre dauern, bis sich aus den Trümmern beider Galaxien eine neue riesige Galaxie gebildet hat.

Zurzeit erscheint der Andromeda-Nebel dem Beobachter noch als ein kleiner Fleck. Dieser wird in den nächsten Milliarden Jahren immer größer werden, bis er wie ein großes Band den Horizont überdeckt. Was danach kommt, wird heute in Computersimulationen erforscht. Es wird kaum direkte Sternkollisionen geben, denn dazu sind die Abstände zwischen den Sternen zu groß. Allerdings werden Gaswolken aufeinanderprallen, und die so verdichtete Materie wird neue Sterne hervorbringen. Ein neues Zentrum der neu entstandenen Galaxie wird sich bilden, und die Sonne wird sehr weit draußen außerhalb dieses Zentrums als roter Riese existieren, um danach endgültig zu einem weißen Zwerg zu werden. Eine neue Supergalaxie wird erstehen.

Abbildung 19: Diese Computersimulation zeigt den bevorstehenden Zusammenstoß der Milchstraße (links) und der Andromeda-Galaxie (rechts).

3.3 Das Universum löst sich auf

Bis zu Beginn der neunziger Jahre hielt man es für möglich, dass das Universum irgendwann in der Zukunft wieder kollabieren und in sich zusammenfallen könnte. Das Ende wäre möglicherweise ein überdimensionales schwarzes Loch.

Seit 1998 wissen wir es besser: Zwei Forschergruppen in den USA und in Australien führten Vermessungen an weit entfernten hell leuchtenden Sternen durch. Es handelte sich um Supernovae. Wie wir sahen, leuchten diese Sterntypen mit ungeheurer Helligkeit. Auf der Basis bestimmter physikalischer Gesetzmäßigkeiten lässt sich deren absolute Helligkeit berechnen. Eine weit entfernte Lichtquelle wirkt schwächer als eine nahe Lichtquelle. Daher kann man aus dem Vergleich des auf der Erde einfallenden Lichts mit der absoluten Helligkeit auf die Entfernung der Supernova schließen. Dabei stellten die beiden Forschergruppen unabhängig voneinander fest, dass weit entfernte Supernovae sich schneller von uns fortbewegen, als sie nach der Standardtheorie eigentlich sollten. Sie erhielten für ihre Entdeckung 2011 den Nobelpreis für Physik.

Die Folgerung ist, dass das Universum immer schneller expandiert. Warum die Expansion zunimmt, lässt sich zurzeit noch nicht erklären. Man schreibt es einer unbekannten Energie zu, die als dunkle Energie bezeichnet wird und den größten Teil der Weltraumenergie ausmacht. Wenn diese beschleunigte Expansion anhält, wird sich das Universum in ferner Zukunft in der Unendlichkeit des Raumes verlieren und auflösen.

4. Die ungeheuren Zufälle im Universum

4.1 Ist die Größe des Alls überdimensioniert?

Wäre das All nur dazu geschaffen worden, Leben auf unserem Planeten erstehen zu lassen, scheint es in grotesker Weise überdimensioniert zu sein. In seinen gigantischen Ausmaßen enthält es viele Milliarden Sterne.

Und doch ist dieses Argument in dieser Form nicht haltbar. Die dynamische Grundstruktur des Kosmos besteht im Kern aus der Urexplosion (Urknall) mit anschließender Expansion des Raumes und Abkühlung der Materie. Zunächst bildeten sich die einfachsten Elemente, nämlich Wasserstoff und Helium.

Damit sich schwerere Elemente wie Kohlenstoff, Sauerstoff, Phosphor usw. bilden konnten, mussten sich zunächst Sterne aus Wasserstoff und Helium bilden. Einige dieser Sterne explodierten als Supernovae, wodurch die neuen Elemente in der Galaxie verteilt wurden.

All dieses dauerte viele Milliarden Jahre. In dieser Zeit musste das Weltall expandieren, damit es durch die Anziehungskraft der Materie (Gravitation) nicht wieder zusammenfiel. Die ungeheure Zeitspanne sorgte dafür, dass das All gigantische Dimensionen annahm, ja annehmen musste.

Nachdem schwere Elemente in den Galaxien vorhanden waren, dauerte es nochmals Milliarden von Jahren, bis diese Materie sich zu Planeten sammelte. Erst dann konnte Leben beginnen, was wiederum große Zeiträume in Anspruch nahm. Das All expandierte weiter bis zur heutigen Größe.

Zusammengefasst lässt sich sagen: Damit auf Kohlenstoff basiertes Leben entstehen konnte, brauchte es bei den geltenden physikalischen Gesetzen viele Milliarden Jahre. In dieser Zeit musste das All expandieren, um nicht vorzeitig wieder zusammenzufallen, was jegliche Entwicklung gestoppt hätte. Eine Expansion, die viele Milliarden Jahre dauert, muss aber zwangsläufig ein Universum hervorbringen, welches für uns Bewohner des winzigen Planeten Erde überdimensioniert erscheint.

Die Tatsache, dass es uns gibt, setzt daher die Größe des Kosmos mit seinen Milliarden von Galaxien und den riesigen Zeiträumen voraus. Ohne diese Größe hätte sich Leben niemals entwickeln können. Das All ist tatsächlich gar nicht überdimensioniert, sondern es hat genau die richtige Größe, damit Leben auf unserem Planeten entstehen konnte. Selbst wenn die Erde der einzige bewohnte und bewohnbare Planet sein sollte, hätte ein Schöpfer, um die Entstehung von Leben unter den gegebenen physikalischen Gesetzen einzuleiten, genau dieses gigantische Universum entstehen lassen müssen.

Anders gesagt: Ein Weltall mit – aus unserer Perspektive –

überschaubaren Größen hätte ganz andere physikalische Gesetze vorausgesetzt, um kohlenstoffbasiertes Leben hervorzubringen.

Brandon Carter, ein australischer Theoretischer Physiker,
hat in seiner Abhandlung *The Constants of Nature* eine Abschät-
zung der Zeitdauer vorgenommen, die mindestens notwendig
ist, damit im Rahmen der Evolution Homo sapiens entstehen
kann. Die von ihm errechnete Zeitspanne deckt sich mit dem
Alter des Alls.

4.2 Universum: Zufall oder Schöpfung?

Rational orientierte Menschen tendieren dazu, auf der Basis
naturwissenschaftlich-empirischen Denkens die letzten Ur-
sprünge des Seins für erklärbar zu halten, wenngleich es dazu
keine verlässlichen Aussagen gibt und wohl auch nicht geben
kann. Im Gegensatz neigen emotionalere Menschen zu einer
mythologisch oder religiösen Erklärung der Welt.

Bislang aber kann keine der beiden Richtungen ihre Auffas-
sungen so darlegen, dass Zweifel unmöglich sind. Die rationale
Sicht basiert auf dem Begriff des Zufalls: Alles Leben entstand
durch günstige Zufälle. Allerdings zeigen die Forschungen der
letzten Jahrzehnte, dass gerade der Zufall in der Entwicklung
des Universums bis hin zum Leben fragwürdig geworden ist.
Viele Erscheinungen und Naturgesetze scheinen so angelegt,
dass Leben zwangsläufig entstehen musste (anthropisches
Weltall). Wir werden uns im Folgenden mit diesen «Zufällen»
beschäftigen. Eine Erklärung, die sich allein auf den Zufallsbe-
griff beruft, ist fragwürdig. Es muss ein übergeordnetes Prinzip
existieren, welches wir (noch?) nicht kennen. Dieses Prinzip ist
kein Beweis für die Existenz eines Schöpfers, kann aber als
Platzhalter für diese Vorstellung dienen. Auch der Verweis auf

Multiversen, wie er neuerdings immer häufiger vorgenommen wird, ergibt keine endgültige Lösung, wie noch zu zeigen ist.

Beginnen wir mit den Zufällen in der Entwicklung des Universums. Das Weltall expandiert. Während der Expansion ist jedes Materieteilchen einer Bewegungsenergie ausgesetzt, die dafür sorgt, dass es nach außen geschleudert wird. Wie bei einer Explosion streben alle Teilchen nach außen. Antagonistisch dazu wirkt in die andere Richtung die Gravitation als Bremskraft, die die Materie zusammenführen möchte. Zwei entgegengesetzte Kräfte zerren also an den Materieteilchen. Gäbe es nur die Gravitation, würde alle Materie in sich zusammenstürzen, Leben hätte sich nie entwickeln können. Gäbe es dagegen nur Expansion, würden die Materieteilchen in die Weite des Raumes entfliehen, Sterne und Galaxien wären nie entstanden.

Was geschieht, wenn die Expansionsgeschwindigkeit zu groß ist? Das Weltall würde so schnell expandieren, dass sich kein Stern und mithin kein Leben bilden könnte. Wäre sie dagegen zu klein, würde die Materie so schnell wieder zusammenfallen, dass die Zeit nicht ausreichen würde, Leben entstehen zu lassen. Es muss also eine exakte Einstellung der beiden Kräfte gegeben sein. Könnten wir als Ingenieure selbst das All konzipieren, müssten wir dafür Sorge tragen, dass die gravitative Bremskraft genau diesen richtigen Wert hat. Die Gravitation hängt dabei direkt von der Materiedichte ab. Wir müssten also dafür Sorge tragen, dass die Dichte der Materie den richtigen Wert annimmt.

Die Kosmologen sind in der Lage, die richtige mittlere Materiedichte exakt zu berechnen. Sie beträgt heute etwa

0,00000000000000000000000000000047 Gramm

pro Kubikzentimeter;

direkt nach dem Urknall war sie natürlich wesentlich höher. Man bezeichnet sie als die kritische Dichte. Mit Hilfe kosmologischer Gleichungen lässt sich leicht zurückverfolgen, dass die Materiedichte eine Sekunde nach dem Urknall höchstens um

$$0,000000000000001 \text{ Gramm}$$

pro Kubikzentimeter von der kritischen Dichte abweichen durfte, wenn sich Milliarden Jahre später unter den bekannten Bedingungen irgendwo im All Leben entwickeln sollte.

Es verhält sich wie bei einer Pendeluhr, die Sie am Anfang des Jahres so einstellen, dass sie stets die richtige Zeit anzeigt. Ist das Pendel nur um ein Zehntel Millimeter zu lang, würde die Uhr am Ende des Jahres um zehn Minuten nachgehen.

Ein weiterer «Zufall» ist die Lebensdauer der Neutronen. Wie bereits dargelegt, bestehen die Atomkerne aus elektrisch positiven Protonen, die die Elektronen auf ihrer Umlaufbahn halten, und Neutronen, die die Stabilität des Atomkerns gewährleisten. Neutronen sind also lebenswichtig für die Existenz der Atome. Ohne Neutronen würde es uns nicht geben.

Nach dem Urknall war die Temperatur des Alls so hoch, dass sich zunächst keine Atome bilden konnten. Die Bestandteile der Atome wie die Protonen und Neutronen flogen als freie Teilchen durch den Raum. Nun zerfallen freie Neutronen bereits nach elf Minuten. Eigentlich sollten also elf Minuten nach dem Urknall alle Neutronen zerfallen sein; stabile Atome wären dann nie entstanden. Die einzige Möglichkeit, die Neutronen zu retten, besteht darin, dass die Temperatur so stark fällt, dass sich innerhalb der ersten elf Minuten Atome mit Neutronen im Atomkern bilden können. Sind die Neutronen erst einmal im Atom gebunden, zerfallen sie nicht mehr, sie sind «gerettet». Es ist daher ein weiterer Glückfall, dass sich das All so stark abkühlte, dass sich rechtzeitig Atome mit Neutronen im Kern bilden konnten.

Betrachten wir weiterhin das Verhältnis von Schwerkraft und elektrischer Kraft. Die Schwerkraft beträgt das 10^{-36}-Fache der elektrischen Kraft, ist also verglichen mit dieser außerordentlich schwach. Stellen wir uns vor, wir könnten wie an einer Stellschraube die Größe der Schwerkraft verändern. Wir vergrößern sie so, dass sie das 10^{-26}-Fache beträgt. Die Berechnungen ergaben, dass die Sterne wesentlich kleiner wären, als sie es sind. Etwa 10 Millionen hätten dann zusammen die Masse des Mondes. Alle Prozesse würden schneller ablaufen. Bereits nach einem Jahr wären die Sterne verbrannt; die Zeit würde nicht ausreichen, komplexes Leben hervorzubringen. Das All wäre in Bezug auf Leben eine Totgeburt, und es gäbe keine Beobachter, die sich über seinen Aufbau wundern könnten.

Nehmen wir an, wir könnten als Weltallingenieure kurz nach dem Urknall an den Fundamentalkonstanten wie an Stellschrauben drehen. Wir verändern eine der Größen und stellen fest, dass das so veränderte System kein Leben hervorbringen kann. Wollen wir nun das so veränderte Weltall «retten», indem wir an anderen Stellschrauben drehen, werden wir über kurz oder lang in einem Irrgarten landen und schließlich kapitulieren. Es hat den Anschein, dass alle Naturkonstanten exakt aufeinander abgestimmt sind. Offenbar gibt es eine Feinabstimmung im Universum, die dazu führt, dass sich immer komplexere Strukturen bis hin zum Leben bilden können. Es scheint wie in einer Melodie zu sein. Ändert man eine der Noten, zerstört man die Harmonie.

5. Ungelöste Probleme

5.1 Dunkle Materie

Stellen Sie sich eine tellerförmige riesige Scheibe vor, die sich wie ein Karussell dreht. Wenn Sie in der Mitte der Scheibe stehen, kann Ihnen nichts passieren. Stehen Sie aber am Rande, wird die Fliehkraft Sie nach außen drücken, und Sie werden im schlimmsten Fall von der Scheibe geschleudert.

Ähnliche Verhältnisse finden wir in unserer Milchstraße vor. Diese dreht sich wie eine Scheibe, und die Sterne weit außen erfahren eine so große Fliehkraft, dass sie eigentlich aus der Galaxie herausgeschleudert werden müssten.

Daher dachte man früher, dass Sterne an der Peripherie sich langsamer bewegen als Sterne in der Mitte, denn dann ist die Fliehkraft dort geringer und die Sterne halten ihre Bahn.

Erstaunt stellte man in den 1970er Jahren dagegen fest, dass dies nicht der Fall ist. Die Drehgeschwindigkeit (genauer: die Winkelgeschwindigkeit) am Rande der Milchstraße ist nicht geringer als im Inneren. Obwohl die Sterne am Rande daher aus ihrer Bahn geschleudert werden müssten, ist das aber erstaunlicherweise nicht der Fall. Sie müssen von irgendeiner Kraft gehalten werden und verbleiben in ihrer Umlaufbahn.

Rechnungen zeigen, dass die normale Gravitation, die ja nach innen wirkt, dazu nicht ausreicht. Daher muss es zusätzliche Materie geben, die nicht sichtbar ist und die fehlende Anziehung ausübt. Hierfür entstand der Ausdruck «dunkle Materie».

Genauere Berechnungen offenbaren: Nicht nur die Bewegungen von Sternen und Galaxien zeigen deutlich, dass die Existenz einer solchen Materie nötig ist, um die Bewegungssteuerung der Sterne zu erklären. Die von uns beobachtbare Energie in Sternen, Planeten und Strahlung ist auch nur ein kleiner Teil der Gesamtenergie.

Die Kosmologen können diese Form der Materie nicht erklären. Während die normale Materie aus Atomen besteht, Strahlung aussenden und absorbieren kann und wir ihren Aufbau kennen, gilt dies nicht für die dunkle Materie. Sie sendet keine Strahlung aus, daher ist sie für uns unsichtbar und wird als dunkel bezeichnet. Wir können die Existenz der dunklen Materie lediglich durch deren gravitative Auswirkung auf die sichtbare Materie nachweisen. Ob sie aus Elementarteilchen wie die sichtbare Materie besteht, wissen wir nicht. Hypothetisch werden solche Teilchen angenommen und mit dem Namen WIMPs *(weakly interactive massive particles)* bezeichnet. Die dunkle Materie ist im Weltall nicht gleichmäßig verteilt, sondern sammelt sich wie eine netzartige Struktur mit riesigen Leerräumen bevorzugt um die sichtbaren Galaxienhaufen.

Die Kosmologen versuchen dunkle Materie in Experimenten darzustellen, bisher allerdings ohne Erfolg. Trotzdem ist die Entwicklung des Universums ohne die Hypothese der dunklen Materie nicht erklärbar. Ohne dunkle Materie wären wir, die wir über diese Probleme nachdenken können, wohl nie entstanden.

5.2 Dunkle Energie

Saul Perlmutter vom kalifornischen Lawrence Berkeley National Laboratory begann 1988 mit seinem wissenschaftlichen Team, die Expansion des Universums zu vermessen. Zeitgleich arbeitete Brian P. Schmidt von der Australian National University bei Canberra in Australien an dem gleichen Problem. In beiden Gruppen wurde die Helligkeit sehr entfernter Supernovae gemessen. Aus der Helligkeit lässt sich die Entfernung ermitteln. Beide Gruppen stellten zu ihrer Überraschung fest, dass die gemessenen Helligkeiten 25 Prozent unter den erwarteten Werten lagen. Das konnte nur bedeuten, dass die gemessenen Supernovae weiter entfernt waren, als es die Standardtheorie voraussagte. Pearlmutter und Schmidt veröffentlichten ihre Ergebnisse 1998 und erhielten im Jahre 2011 dafür den Nobelpreis für Physik.

Wenn weit entfernte Teile des Universums weiter entfernt sind als erwartet, folgt daraus, dass das Universum schneller expandiert als bisher angenommen. Eine genauere Untersuchung der Daten ergab, dass die Expansionsgeschwindigkeit sich permanent erhöht, also eine beschleunigte Expansion vorliegt.

Der Grund für diese beschleunigte Expansion ist unbekannt. Offenbar muss es eine Energie geben, die diese Beschleunigung bewirkt. Inzwischen hat sich dafür der Name «dunkle Energie» eingebürgert. Berechnungen ergaben die zweite Überraschung: Im Energiehaushalt des Universums macht die dunkle Energie etwa 73 Prozent aus. Wenn wir berücksichtigen, dass der Energieanteil der dunklen Materie etwa 23 Prozent beträgt, bleiben für die sichtbare Materie, die wir sehen und erkennen können und aus der wir bestehen, ganze 4 Prozent übrig. Alles andere ist unbekannt.

Man hat versucht, die dunkle Energie durch die Vakuumenergie zu erklären, die wir in Kapitel II, 9 untersucht haben. Die Rechnungen ergaben allerdings, dass dann die Energie pro Kubikmeter dramatisch große Werte liefern würde, deren Massenäquivalent weit über dem der dunklen Energie liegen würde, so dass der Versuch scheiterte.

Interessanterweise hat Albert Einstein die dunkle Energie

unwissentlich vorausgesagt, dann aber widerrufen. Seine Gleichungen zur Allgemeinen Relativitätstheorie lieferten ein Universum, welches expandierte. Damals allerdings war die Expansion noch unbekannt, man glaubte an ein statisches Universum. Daher führte Einstein in seine Gleichungen eine zusätzlich Konstante ein, die als kosmologische Konstante bekannt wurde und eine Verfälschung der Gleichungen verhinderte. Diese Konstante wählte er so raffiniert, dass eine mögliche Expansion nicht mehr stattfinden konnte. Als später die Expansion entdeckt wurde, widerrief er seine Korrektur und bezeichnete sie «als die größte Eselei meines Lebens». Heute erweist sich die kosmologische Konstante als elegantes Mittel zur Beschreibung der dunklen Energie.

Zwei Drittel der Erdoberfläche sind mit Wasser bedeckt. Es wäre unvorstellbar, wenn wir bei diesem Verhältnis nicht wüssten, was Wasser ist. In der Kosmologie verhält es sich anders: Zwei Drittel der Energie des Weltraums ist dunkle Energie, und wir haben tatsächlich keine Ahnung, was dunkle Energie ist. Berücksichtigen wir noch die dunkle Materie, macht die für uns sichtbare und messbare Materie weniger als 5 Prozent der Gesamtenergie aus. Alles andere ist für uns in seiner Struktur rätselhaft und nicht erklärbar.

6. Multiversen

Wenn Sie bei Google das Suchwort «Multiversum» eingeben, erhalten Sie Zigtausende von Links zu diesem Thema.

Was ist ein Multiversum? Es handelt sich um die Vorstellung, dass es viele – vielleicht sogar unendlich viele – Universen gibt und das unsrige nur eines davon ist, in dem zufällig Leben entstand. Unser Universum könnte eines unter vielen sein, die sich unablässig in einem endlosen Raum entfalten, wie Dampfblasen in einem Topf kochenden Wassers.

Was führte zu der Annahme, dass unser Universum nicht das einzige sei? Bereits 1957 versuchte der Physiker Hugh Everett einige Paradoxien der Quantenphysik durch Paralleluniversen zu erklären. Dieser Gedanke war rein hypothetisch. Des Weiteren wurde spekuliert, ob es vor dem Urknall ein Vorgängeruniversum gab, das nicht expandierte, sondern sich zusammenzog und aus dem dann unser Universum im Urknall entstand (sog. Big-Bounce-Theorie). Schließlich führten die Erkenntnisse, dass die Naturkonstanten so fein aufeinander abgestimmt sind, dass zwangsweise Leben entstehen musste, zum Konzept des Multiversums. Dabei geht man von der Annahme aus, dass viele Universen existieren mit beliebigen Naturkonstanten, die aber im Allgemeinen so belegt sind, dass die Entstehung von Leben unmöglich war. Die meisten dieser Universen sind in diesem Sinne Totgeburten. Zufälligerweise leben wir in einem Universum mit den für die Entwicklung von Leben passenden Naturkonstanten.

Die Existenz von Multiversen widerspricht weder der Relativitätstheorie noch sonstigen wissenschaftlichen Erkenntnissen. Aber daraus lässt sich nicht folgern, dass solche Konstrukte auch tatsächlich existieren.

Albert Einstein äußerte sich zu Spekulationen seiner Zeit: «Wer da nämlich erfindet, dem erscheinen die Ereignisse seiner Phantasie so notwendig und naturgegeben, dass er sie nicht für Gebilde des Denkens, sondern für gegebene Realitäten ansieht und angesehen wissen möchte.» Die Frage mag erlaubt sein, ob Multiversen nicht in die von Einstein beschriebene Kategorie gehören.

Da bisher niemand die Existenz von weiteren Universen beweisen konnte, handelt es sich letztlich um eine Glaubenssache. Nicht wenige Physiker sind skeptisch. Martin Bojowald von der Pennsylvania State University, der Berechnungen zur Big-Bounce-Theorie durchführte, meinte etwa: «Das Multiversum ist sehr spekulativ.» Hermann Nicolai, Direktor des Max-Planck-Instituts für Gravitationsphysik in Potsdam-Golm, erklärte: «Es kann sein, dass diese Theorie für immer eine Theorie bleibt und sich nicht verifizieren lässt.»

Der Astrophysiker Brian Schmidt ist einer der Entdecker der beschleunigten Expansion und mithin der dunklen Energie. Anlässlich der Verleihung des Nobelpreises wurde er in einem Interview nach seiner Meinung zu Multiversen gefragt. Brian bezeichnete sich in dieser Angelegenheit als «Agnostiker» und sagte wörtlich: «Ich weigere mich, auf naturwissenschaftlichem Gebiet Vermutungen über Dinge anzustellen, die ich nicht nachprüfen kann. Wer an Multiversen-Theorien arbeitet, aber nicht glaubt, dass man sie je wird nachprüfen können, ist kein Naturwissenschaftler.»

Anhang

In diesem Teil des Buches soll die Erststellung von Mandelbrot-Mengen (Abb. 5, 6) mit Hilfe eines Computers beschrieben werden. Jeder Hobby-Programmierer kann diese Bilder erstellen, wenn er elementare Kenntnisse der komplexen Zahlen besitzt. Im ersten Teil dieses Anhangs geht es um Addition, Subtraktion, Multiplikation und Division sowie die Gauß'sche Zahlenebene. Wenn Ihnen diese Dinge bekannt sind, können Sie den Abschnitt getrost überschlagen. Im zweiten Abschnitt wird das mathematische Verfahren beschrieben, mit dem sich fraktale Bilder erstellen lassen.

A1 Die komplexen Zahlen

Wenn Sie zwei gleiche gewöhnliche Zahlen miteinander multiplizieren, erhalten Sie stets positive Zahlen (oder 0). Das heißt: $a \cdot a = a^2 = b$ kann nie negativ sein. Die Folge ist: Die Wurzel aus einer negativen Zahl kann man nicht ziehen. Der Ausdruck $\sqrt{-1}$ ist daher sinnlos. So dachte man zumindest im 17. Jahrhundert und bezeichnete die Wurzeln aus negativen Zahlen als imaginär. Erstmals erwähnte Descartes 1637 diese Zahlen. Es ist interessant, dass gerade diese «eingebildeten» Zahlen so wunderbare und ästhetische Bilder hervorbringen können, wie sie in der Abbildung 6 dargestellt sind und wie sie die Mandelbrot-Menge liefert.

Im 18. Jahrhundert erkannte man, dass die Berücksichtigung imaginärer Zahlen in mathematischen Berechnungen zu tragfähigen Lösungen führt. Um 1830 beschrieb Gauß geeignete Verfahren, wie man mit diesen Zahlen sinnvoll rechnen kann.

Eine komplexe Zahl ist in der modernen Mathematik ein Ausdruck der Form

$$z = a + b \cdot \sqrt{-1},$$

wobei a und b reelle Zahlen sind. Für $\sqrt{-1}$ benutzt man das Symbol i, so dass wir schreiben können: $z = a + b \cdot i$.

Beispiele komplexer Zahlen sind: $w = 2 + 4i$; $r = -3.4 + 6i$; $z = 1 - 5i$.

Offenbar ist $i^2 = -1$. In der Darstellung von $z = a + b \cdot i$ bezeichnet man a als den Realteil von z und b als den Imaginärteil von z.

Komplexe Zahlen kann man addieren, subtrahieren, multiplizieren und dividieren. Für die Herstellung der Mandelbrot-Menge benötigen wir nur die Addition und die Multiplikation, so dass wir uns auf diese beiden Operationen beschränken.

Die Addition funktioniert nach folgendem Prinzip: Ist $z = a + b \cdot i$ und $w = u + v \cdot i$, dann ist $z + w = (a + u) + (b + v) \cdot i$.

Ein Beispiel lautet: $(3 + 2i) + (-1 + 5i) = 2 + 7i$.

Die Multiplikation funktioniert nach folgendem Prinzip: Ist $z = a + b \cdot i$ und $w = u + v \cdot i$, dann ist $z \cdot w = a \cdot u + a \cdot v \cdot i + b \cdot i \cdot u + b \cdot v \cdot i^2$ (ausmultiplizieren).

Nach der Zusammenfassung und wenn man berücksichtigt, dass $i^2 = -1$, ergibt sich:

$$z \cdot w = (a \cdot u - b \cdot v) + (a \cdot v + b \cdot u) \cdot i.$$

Das Beispiel lautet: $(3 + 2i) \cdot (1 + 4i) = -5 + 14 \cdot i$.

A2 Konstruktion der Mandelbrot-Menge

Wir benötigen die von Friedrich Gauß eingeführte «Gauß'sche Zahlenebene». In dieser Ebene können wir alle komplexen Zahlen als Punkte eintragen.

Es handelt sich um ein gewöhnliches Koordinatensystem mit x-Achse (Abszisse) und y-Achse (Ordinate). Die Zahl $z = x + y \cdot i$ tragen wir in dieser Ebene im Punkt (x,y) ein. Offenbar liegt jede beliebige komplexe Zahl auf einem Punkt der Ebene, und jeder Punkt der Ebene repräsentiert eine komplexe Zahl. Den Abstand einer komplexen Zahl $z = x + y \cdot i$ vom Ursprung des Koordinatensystems (Schnittpunkt der Achsen) erhält man durch die Formel:

$$|z| = \sqrt{x^2 + y^2} \text{ (Pythagoras)}$$

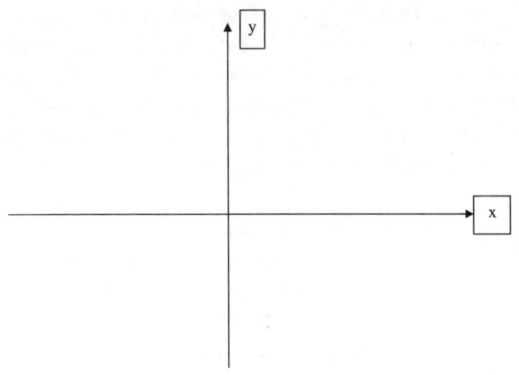

Abbildung 20: Gauß'sche Zahlenebene

$|z|$ bezeichnet man als den Betrag der komplexen Zahl z.

Nunmehr können wir beginnen, die Mandelbrot-Menge in der Gauß' schen Zahlenebene zu konstruieren.

Wir ordnen jedem Punkt (x,y) eine Farbe zu. Wenn alle Punkte «gefärbt» sind, ist das Bild (hier: die Mandelbrot-Menge) fertig.

Die Zuordnung der Farben zu den einzelnen Punkten (x,y) geschieht folgendermaßen: Zum Punkt (x,y) gehört die komplexe Zahl $z = x + y \cdot i$. Wir wählen $w_0 = 0$ und berechnen $w_1 = w_0^2 + z$, danach $w_2 = w_1^2 + z$, dann $w_3 = w_2^2 + z$ usw. Also allgemein:

$$w_{k+1} = w_k^2 + z \text{ für } k = 1, 2, 3, 4, \ldots$$

Wir erhalten, wenn wir für viele k die Werte w_k berechnen, die (theoretisch unendliche) Zahlenfolge $w_1, w_2, w_3, w_4, \ldots$

Nunmehr untersuchen wir die Folge auf Konvergenz, d. h., wir untersuchen, wie die Beträge der Folge sich verhalten. Wir untersuchen also die Zahlenfolge

$$|w_1|, |w_2|, |w_3|, |w_4|, |w_5|, \ldots$$

Es gibt die Möglichkeit, dass die Zahlen sich einem endlichen Zahlenwert annähern (Konvergenz). Es kann aber auch der Fall eintreten, dass die Zahlen $|w_i|$ für wachsendes i beliebig groß werden. Die Folge konvergiert dann gegen unendlich.

Das Verhalten der Folge $|w_i|$ bestimmt die Farbe an dem Punkt (x,y), falls $z = x + y \cdot i$ die anfangs gewählte Zahl z ist. Falls die Folge konvergiert, markiert man an der Stelle (x,y) einen farbigen Punkt. Die Farbe hängt dabei von dem Grenzwert ab, den die Folge erreicht. Zum Beispiel ordnet man einem großen Grenzwert Grün zu, einem mittleren Grenzwert Rot usw. Auch für Nichtkonvergenz kann man eine Farbe wählen. Man kann zusätzlich differenzieren, wenn man etwa die ersten hundert (oder fünfhundert) Zahlenglieder untersucht und die Farbe vom letzten Wert abhängig macht.

Hierzu ein Beispiel, wenn w_{100} der hundertste Wert ist:

$$|w_{100}| < 50 \rightarrow \text{Farbe grün}$$
$$50 <= |w_{100}| < 100 \rightarrow \text{Farbe blau}$$
$$100 <= |w_{100}| < 500 \rightarrow \text{Farbe rot}$$
$$500 <= |w_{100}| \rightarrow \text{Farbe gelb}$$

Im Rechner kann man für jeden Punkt der Gauß'schen Ebene eine solche Untersuchung durchführen und eine Farbe bestimmen. Insgesamt entsteht dann ein Bild der Mandelbrot-Menge.

Besonders ästhetische Bilder erhält man, wenn man in der Gauß'schen Zahlenebene begrenzte Flächen an den Rändern der Mandelbrot-Menge (Abb. 5) wählt.

Literatur

Jim Al-Khalili: Schwarze Löcher, Wurmlöcher und Zeitmaschinen. Heidelberg 2004

Gerhard Börner: Schöpfung ohne Schöpfer? München 2006

Gerhard Börner: Kosmologie – Eine Einführung. Frankfurt/Main 2002

Marcus Chown: Warum Gott doch würfelt. München 2012

Brandon Carter: The Constants of Nature. London 1983

Albert Einstein: Grundzüge der Relativitätstheorie. Heidelberg 2002

Günther Hasinger: Das Schicksal des Universums. München 2007

Werner Kinnebrock: Galaxien, Gene, Geist, Gehirn. Neckenmarkt 2008

Werner Kinnebrock: Bedeutende Theorien des 20. Jahrhunderts. München ⁴2013

Werner Kinnebrock: Was macht die Zeit, wenn sie vergeht? München ²2012

Andrew Liddle: Einführung in die moderne Kosmologie. Weinheim 2009

Roger Penrose: Computerdenken. Heidelberg 1991

Bildnachweis

Abb. 1:   Werner Kinnebrock
Abb. 2–4:   Peter Palm, Berlin
Abb. 5, 6:   Aus: Werner Kinnebrock, Bedeutende Theorien des
               20. Jahrhunderts, München, 4. Auflage 2013
Abb. 7:   Wilson A. Bentley, Studies among the snow crystals during
               the winter of 1901–2, Washington, D. C., 1903, Tafel XIX
Abb. 8:   Wikipedia
Abb. 9–15:   Werner Kinnebrock
Abb. 16:   © European Space Agency & NASA
Abb. 17:   © NASA/CXC/RIT/STScI
Abb. 18:   © picture-alliance/dpa/Foto: epa afp NASA
Abb. 19:   © picture-alliance/dpa/Foto: NASA, ESA, Z. Levay and
               R. van der Marel (STScI), and A. Mellinger
Abb. 20:   Werner Kinnebrock